本书由国家社科基金：碳平衡框架下特大城市空间布局研究（项目号：19BJY063）资助

中国城市"双碳"情景与路径

汪　军　张奕欣　著

Scenarios and Paths
for Carbon Peak and
Carbon Neutrality of
Chinese Cities

中国建筑工业出版社

图书在版编目（CIP）数据

中国城市"双碳"情景与路径 = Scenarios and Paths for Carbon Peak and Carbon Neutrality of Chinese Cities / 汪军，张奕欣著 . -- 北京：中国建筑工业出版社，2024. 12. -- ISBN 978-7-112-30426-4

Ⅰ. TU984.2

中国国家版本馆 CIP 数据核字第 2024T6779W 号

责任编辑：毋婷娴
责任校对：李美娜

中国城市"双碳"情景与路径

Scenarios and Paths for Carbon Peak and Carbon Neutrality of Chinese Cities

汪 军 张奕欣 著

*

中国建筑工业出版社出版、发行（北京海淀三里河路 9 号）

各地新华书店、建筑书店经销

北京方舟正佳图文设计有限公司制版

建工社（河北）印刷有限公司印刷

*

开本：787 毫米 × 1092 毫米 1/16 印张：14 字数：294 千字

2025 年 3 月第一版 2025 年 3 月第一次印刷

定价：**68.00** 元

ISBN 978-7-112-30426-4

（43778）

序

　　工业革命以来，人类对能源的需求快速增长，能源消费结构也在不断变化，大致经历了煤炭替代传统生物质能（如柴草）、石油替代煤炭以及目前的化石能源为主、多种新能源互补三个阶段。人类财富在迅速增长的同时，大气中的温室气体也急剧增加。如何保障世界的可持续发展已成为全世界关注的一个重大问题。化石能源燃烧产生的二氧化碳是导致温室效应的主要原因。为应对气候变化的挑战，包括中国在内的众多国家提出了碳达峰与碳中和目标。2020年，中国政府在第七十五届联合国大会上提出："中国将提高国家自主贡献力度，采取更加有力的政策和措施，二氧化碳排放力争于2030年前达到峰值，努力争取2060年前实现碳中和。"这对我国来说挑战巨大，因为我国目前还处在大规模工业发展阶段，碳排放量巨大，且清洁能源技术方面商业化程度低，很多关键的装备还有待研发。但碳中和对中国自身的发展具有重要而深远的意义，从国家能源安全的角度，通过增加可再生能源的比例，可望减少对进口油气资源的依赖（近年来我国原油和天然气对外依存度分别超过了70%和40%），确保能源供应的安全性；从新质生产力发展的角度，通过大力发展清洁能源、节能环保、新能源汽车等绿色产业，将推动我国在材料、制造、关键基础设施等领域的技术进步和产业升级，实现经济高质量发展，增强国际竞争力，进而促进社会可持续发展目标的实现，并在全球绿色发展中发挥引领作用。

　　随着我国城镇化率的不断攀升，城市碳排放亦已占到总排放的约70%~80%，因此城市是碳达峰、碳中和战略实施的关键主体。本书以城市的"双碳"为主题，首先提出了要在相对统一的框架和标准内讨论城市的"碳达峰"和"碳中和"问题，这对我国实现"双碳"目标意义重大。中央曾多次强调不搞"碳冲锋"，也不搞运动式"减碳"。习近平总书记在2022年的两会期间，提出了"实现碳达峰，要先立后破，而不能够未立先破"的要求，这就要求我国在实现"碳达峰""碳中和"的过程中要加强顶层设计。本书深入剖析了城市碳排放系统，构建了城市碳排放情景模拟系统，以预测城市在碳达峰与碳中和过程中的社会经济状况、土地利用及空间结构变化。此举不仅拓宽了城市碳排放研究的视野，将空间要素纳入考量，还通过时空场景模拟，实现了对城市"双碳"情景的科学预判，为城市选择不同的发展路径提供了科学依据。

　　本书全面阐述了城市迈向"双碳"目标的理论与模式，综合分析了国内外主要国家和城市的成功经验，并紧密结合中国城市的实际情况，提出了实现"碳达峰"与"碳中和"的具体路径与策略。它既是一本学术价值深厚的专业著作，也是一本内容丰富的关于城市可持续发展的科普佳作。近年来，作者在区域绿色发展规划的研究中，有涉及相关技术问题时，与我多有交流讨论，其学术思想对我多有启发，我对其理论联系实际之精神也深为感佩，相信读者诸君读后也必有同样感受。是为序。

涂善东

中国工程院院士

华东理工大学教授

2025 年 1 月 20 日

前　言

　　新中国成立以来，特别是改革开放 40 多年来，我国的城镇化建设取得了显著成绩，城镇化率已经超过了 65%。但是，在城镇化高速发展过程中，累积了不少突出的矛盾和问题（特别是在大城市），比如生态环境问题、交通问题、能源问题等。在这样的背景下，我国的城镇化发展也开始越来越关注生态和低碳问题。2015 年 9 月，中共中央、国务院印发了《生态文明体制改革总体方案》，提出了我国在生态文明领域改革的顶层设计和具体部署；同时，也提出了在城乡建设领域进行环境治理的要求，包括在城乡建设中引入生态效益和生态文明绩效的评估体系。总体来说，这意味着我国的城乡建设需要从过去的粗放发展转变为未来的绿色和低碳发展。

　　然而，目前国内对于"碳排放"的研究主要集中在宏观层面的国家整体和微观层面的企业主体，对中观层面的城市关注相对不足，仍存在许多待解决的问题。目前，对城市"碳排放"的认识主要以"联合国政府间气候变化专门委员会"（Intergovernmental Panel on Climate Change，IPCC）提出的"碳排放清单"测算方式为主，但只计算"碳排放"总量，对排放的构成和特征缺乏详细描述。因此，深入分析城市"碳排放"的构成和特征，并以此为指导推动城市的可持续发展成为本书研究的首要目标。

　　在 2020 年 9 月的联合国大会上，中国公布了一项宏伟的目标：中国计划在 2030 年前达到二氧化碳排放的峰值，并努力在 2060 年前实现碳中和。这一承诺表明了中国积极参与全球减排行动的决心，同时也展现了中国对全球绿色低碳发展趋势的积极回应。在 2021 年 3 月的全国两会上，"碳达峰"和"碳中和"首次被纳入政府工作报告，进一步凸显了中国对绿色发展的高度关注。为实现这一目标，中国已经采取了一系列相应的措施。

　　首先，中国政府制定了具体的政策和规划。在 2021 年 10 月，中共中央、国务院发布了《关于完整准确全面贯彻新发展理念 做好碳达峰碳中和工作的意见》和《2030 年前碳达峰行动方案》两个文件，全面推动全国的"双碳"行动。此外，党的二十大报告中也明确提出了推进美丽中国建设，坚持山水林田湖草沙一体化保护和系统治理，统筹产业结构调整、污染治理、生态保护、应对气候变化等多方面的任务。

　　其次，中国加强了城市层面的行动。城市是能源消费和温室气体排放的主要来源，因此城市的"碳达峰"和"碳中和"对于实现全国目标至关重要。对此，国内外很多城市已经采取了积极的行动，有些已实现"碳达峰"，有些提出"碳达峰"目标。这些城市的成功经验将为中国城市"碳达峰"和"碳中和"提供了借鉴和参考。

此外，中国还在积极探索新的发展路径。对于已经实现"碳达峰"的国家或地区，其推动因素包括经济发展水平、产业能耗强度、能源消费结构、产业结构等多个方面。那么，中国城市的"碳达峰"路径是否与发达国家类似？特别是从20世纪90年代开始一直到2030年，跨越不同历史年代的城市"碳达峰"情景是否存在一定的共性以及特殊性？这些都是值得进一步探讨的问题。

虽然我国已经确定了2030年实现"碳达峰"、2060年实现"碳中和"的总体目标，但是对于城市"碳达峰""碳中和"还没有明确的定义和要求。目前各地提出"碳达峰"的城市在达峰的时间、达峰峰值认定以及达峰路径等方面都没有统一的标准。如果不能在一个相对统一的框架内评价城市的"碳达峰"，将不利于我们有效地进行"碳达峰"和"碳中和"的工作。因此，如何结合我国城市的特点，对城市"碳达峰"与"碳中和"进行科学的预测和模拟，成为目前我国在"双碳"目标下亟须解决的问题之一。

本书采用系统动力学理论和方法，对城市碳排放系统进行了分析，将其划分为经济、人口、能源和环境四个子系统。在此基础上，构建了直观而动态的城市碳排放情景模拟系统，通过模拟不同低碳发展规划情景下城市碳排放和能源消耗等指标的变化趋势，以及对各种情景的模拟，我们能够预测城市在达到"碳达峰"时的状态。同时，本书通过模拟城市在实现"碳达峰"与"碳中和"目标下土地利用和空间结构状态，来比较不同政策调控下，城市的空间发展模式，以找到实现"双碳"目标的最佳土地利用模式。本书的研究中，引入了大量的情景模拟方法，这些情景就是我国城市未来不同的发展路径，将为我国不同城市在走向"双碳"过程中的政策工具提供依据。

笔者借由本书还想表达的一个观点是："低碳"并不是我们城市发展建设的根本目的，而是一种手段，即通过这个手段来解决城市运行过程中存在的问题，并预测和防范城市未来发展进程中可能出现的问题，保障城市安全、高效、可持续地发展。

本书的写作得到了华东理工大学的领导和同事们的各方面支持。同时，我们也得到了世界绿色设计组织、光华设计基金会、中国科学院上海高等研究院、同济大学、北京城建设计发展集团有限公司、上海科技大学等单位的领导与专家的支持与帮助。在本书写作过程中，付曼君、姜凯雯、韩梦梦、孙逸臻等几位优秀的研究生也参与了部分材料的整理，在此对她们表示感谢。

本书未标注来源的图表均为作者自制。

人类在实现"碳达峰"和"碳中和"的过程中，一定充满了各种不确定性，但正是这种不确定性值得我们去不断探索，让我们共同期待这个不确定但又美好的未来。

目 录

第1章 关于"碳达峰"与"碳中和"

1.1 关于碳排放的几个重要概念

1.1.1 城市碳排放

"碳排放"是指由人类活动产生的二氧化碳等温室气体的排放总量，有时也被称为"碳足迹"。为了更好地了解碳排放的来源和类别，以及各个领域排放的情况和特征，全球组织和各国纷纷开始制定温室气体排放清单指南。其中，最具影响力且相对系统化，适用于国家、城市和地区的清单指南有《IPCC 国家温室气体清单指南》《ICLEI 城市温室气体排放清单指南》《GRIP 温室气体地区清单议定书》和《省级温室气体清单编制指南》等（表 1-1）。

各清单指南基本信息表
表 1-1

清单名称	编制机构	编制目的	适用尺度	应用范围
《IPCC 国家温室气体清单指南》	联合国政府间气候变化专门委员会	为较大规模的温室气体核算提供标准化的方法框架	国家及地区	近 150 个缔约国
《ICLEI 城市温室气体排放清单指南》	国际地方环境理事会	对主要温室气体排放源进行定位，制定低碳转型发展路线	城市	全球 1000 多个城市和地区
《GRIP 温室气体地区清单议定书》	英国曼彻斯特大学	对不同城市与年度间的温室气体排放情况进行监测和统计	城市	欧洲 18 个城市及地区
《省级温室气体清单编制指南》	国家发展和改革委员会	对温室气体排放的总体情况进行校算	省级地区	中国部分试点省份

根据联合国政府间气候变化专门委员会编制的《IPCC 国家温室气体清单指南》可知，温室气体的主要排放源包括能源活动、工业生产过程、农业活动、土地利用变化及林业和废弃物处理等（图 1-1）。其中又以二氧化碳在温室气体排放中占主要地位，因此本书主要对城市中的二氧化碳排放进行研究，研究中涉及的碳排放均特指二氧化碳排放量。

根据 IPCC 的数据统计，火电排放、建筑排放和汽车尾气排放是人类生活中碳排放的三个主要来源，分别占总排放量的 41%、33% 和 25% 左右。而城市作为人类生活的主要空间承载体，也是这三类碳排放主要来源的集中地。根据世界能源组织的研究，城市中各种活动所消耗的能源占全球总量的 80%，城市所产生的碳排放占总排放量的 67%。

2010 年，联合国开发计划署发布的《中国人类发展报告》将主题定为迈向低碳经济和社会的可持续未来。该报告指出，中国高速增长的城镇化率、城市基础设施建设活动、建筑能耗和交通能耗等因素对中国的碳排放产生重要影响。

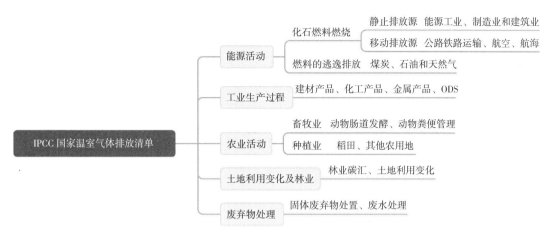

图 1-1　IPCC 国家温室气体排放清单
（图片来源：根据 IPCC 报告自绘）

1.1.2　碳达峰、碳中和

　　"碳达峰"指的是碳排放量在某一时刻达到峰值，然后逐渐减少。碳排放峰值的概念最早由世界银行于 1992 年发布的《世界发展报告》中提出，它是基于环境库兹涅茨曲线（EKC）演变而来。EKC 描述了在经济刚开始发展时，环境污染会随着人均国内生产总值（GDP）的增加而加剧，但当经济发展到一定程度时，环境污染会出现拐点并随着人均 GDP 的增加出现逐渐减轻的情况。在此基础上，学者们开始研究碳排放量与经济发展的关系，认为碳排放量与环境污染类似，也与经济发展之间存在着倒 U 形曲线的关系，拐点代表碳排放达到峰值，并开始出现减少的趋势，而这个拐点就是"碳达峰"。根据世界资源研究所（The World Resources Institute，WRI）的定义，"碳达峰"也可以指碳排放首先进入一个稳定期，可能在此期间有所波动，但随后会平稳下降。

　　"碳中和"指在一定时间内，企业、社会团体或个人直接或间接产生的碳排放总量可以通过碳捕捉、碳封存等技术手段进行消减，也可以通过扩大植被覆盖等方式进行抵消，从而实现二氧化碳等温室气体的"零排放"，但是，这里要明确一个概念，那就是"碳中和"并不意味着直接零排放，而是指整个碳循环周期之后呈现出不新增碳排放的状态。根据清华大学发布的《2023 全球碳中和年度进展报告》显示，截至 2023 年 9 月，全球已经有 151 个国家明确提出了碳中和目标，这些国家的经济总量占全球总量的 92%，人口占全球的 89%，碳排放占全球的 88%。

　　2020 年 9 月，在第 75 届联合国大会上，中国宣布将提高自己对全球气候变化的贡献力度，采取和颁布更有力的政策和措施，力争在 2030 年之前使中国的二氧化碳排放达到峰值，并在

2060 年之前实现"碳中和"。这是具有里程碑意义的承诺，表明了中国在全球气候治理和碳减排方面的决心，也彰显了大国责任。

1.1.3 碳循环

碳元素是地球上所有生命存在的基础，从化学角度来看，它的生成、转移和吸收过程也是地球上最重要的资源循环之一。碳循环通过释放和吸收碳元素来维持自然界中碳浓度的平衡，从而调节全球的环境温度，并为人类生存提供物质资源以及各种有助于全球经济发展的能源。

碳元素分布在海底沉积物、岩石、土壤等有机质中，也有一部分存在于海洋、大气和动植物体内，并通过各种机制和活动在不同介质之间转移。例如，植物通过光合作用将二氧化碳与水合成为糖分子；一些动物以植物为食物，在吸收糖分子后将其转化为自身能量，然后通过呼吸、排泄等作用将碳元素释放回大气、水系和土壤等介质中，形成一个"碳循环"（图 1-2）。

当提到碳循环的时候，需要关注一个重要的概念——碳库，也就是储存碳的介质。地球上最大的两个碳库就是岩石圈和化石燃料，含有全球碳总量的 99.9%，而且这两个碳库中的碳活动非常缓慢，实际上起到了储存碳的作用。此外，地球上还有另外 3 个容量较小但是碳活动活跃的碳库——大气圈库、水圈库和生物圈库。在大气圈库中，二氧化碳主要以气体的形

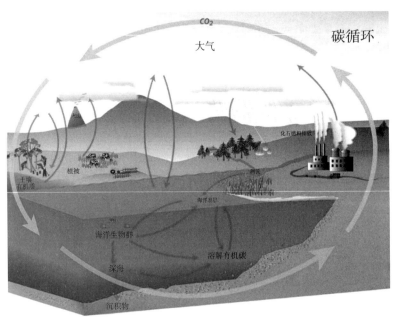

图 1-2 碳循环演示图

式存在；在水圈库中则多以生物和有机物存在；在生物圈库中又以森林和植被为主要的碳储存者。而我们通常所说的碳循环就是二氧化碳在这些不同的碳库中进行不断的运动和交换。

1.1.4　碳源、碳汇

联合国气候变化框架公约中定义，"碳源"指的是产生二氧化碳的源头，一部分来源于自然，一部分来源于人类活动。与此相对，"碳汇"则指二氧化碳的最终归宿。温室气体中的"碳源"也是向大气中释放产生温室气体、气溶胶或其他气体的过程、活动或机制；温室气体中的"碳汇"也是大气中清除减少温室气体、气溶胶或其他气体的过程、活动或机制。根据 1995—2005 年中国碳排放核算及其因素分解研究，在分析二氧化碳排放总量的结果后得出，二氧化碳占碳排放总量的 90% 以上，即在排放的温室气体中，二氧化碳占据主体地位。因此，根据联合国气候变化框架公约的定义，本书将"碳源"理解为将二氧化碳释放到大气中的过程、活动或机制，而"碳汇"则是吸收和储存大气中二氧化碳的过程、活动或机制。碳源和碳汇是两个相对的概念，涉及温室气体的排放和吸收。研究表明，植物、海洋和土壤是自然界中最重要的三类碳汇，其中，地球上的森林每年可吸收 26×10^5 万 t 二氧化碳，海洋自工业革命以来已吸收了大约 1/4 的大气中碳的量，全球人为排放的碳约有 25% 储存在土壤中。因此，在土地利用的碳排放效应分析中，森林、草地、水域等一般为碳汇，建设用地一般为碳源。除此以外，城市中主要的碳源还有能源、交通、供水、废弃物处置等系统。

1.1.5　碳足迹

"碳足迹"的概念起源于 20 世纪 90 年代末。1995 年，英国一家环境咨询公司（Best Foot Forward）首次提出了"足迹分析"方法，这种方法基于资源使用和废物排放，用于评估产品、服务或活动对环境的影响。1999 年，瑞士联邦理工学院的学者马蒂斯·瓦克纳格尔（Mathis Wackernagel）和威廉·里斯（William Rees）提出了"碳足迹"的概念，用于衡量人类活动对碳排放的影响。随着时间的推移，越来越多的国家和组织开始采用碳足迹方法研究碳排放。碳足迹指的是特定时期内个体、组织通过活动产生的所有温室气体排放的总量，尤其是二氧化碳、甲烷等主要人为温室气体的排放，而这些排放就像人类的足迹一样是可以被衡量的。

碳足迹涵盖了不同层面的排放，因此在定义碳足迹时，需要明确关注排放的来源和边界，包括直接排放和间接排放。直接排放是指活动本身产生的温室气体排放，例如燃烧化石燃料产生的二氧化碳排放。间接排放是指活动所需能源或产品的生产和使用过程中产生的温室气体排放，例如生产和运输产品所产生的能源消耗和排放。在定义碳足迹时，还需要考虑一些辅助参数，如温室气体的比例和温室气体的温室效应潜能，以更全面地评估活动的碳足迹。但需要注意的是，不同组织和研究可能在界定和计算碳足迹的方法上存在差异，因此在比较不同碳足迹时应注意其一致性。

1.1.6　碳封存

"碳封存"是指从自然界中捕获和储存碳元素和相关含碳化合物的过程，可以防止大气中二氧化碳等温室气体过量积聚导致气温升高。碳封存研究最早可追溯到 20 世纪 70 年代，但技术的迅速发展则要到 21 世纪以后。

目前世界上的碳封存主要有三种方式：地质封存、生物封存和技术封存。地质封存是将碳元素储存在地质结构中，如岩石和沉积物；生物封存是将碳元素储存在植被、水系和土壤等生态系统介质中；而技术封存则是一种人工固碳方式，包括生产石墨烯、工程分子捕获和空气捕获等渠道。不同方式下的碳封存有效期限和固碳效果存在差异，例如，植被的固碳量较小，并在生命周期结束时将储存的碳重新排放到自然界，而海洋的固碳量较大，可以进行长期的碳封存。

1.2　低碳城市规划

1.2.1　低碳城市

"低碳城市"是针对全球气候变化和环境问题而提出的一种概念，通过采用低碳的理念和生活方式来改造城市。其核心是在减少化石能源消耗的基础上，为社会和经济增加新的活力，提高人们的福祉，并追求可持续发展。由于城市是碳排放的主要来源，因此低碳城市建设是应对气候危机的关键。低碳城市最初是建立在低碳经济基础之上发展而来的，以城市作为空间载体强调经济的可持续性。随后低碳理念逐渐从经济领域扩展到社会领域，形成了低碳城市的理论。从 2003 年英国提出低碳经济理念开始，到 2007 年日本开始倡导建设"低碳社会"，各国政府、国际组织和学术界对低碳城市的关注度大幅提升。

低碳城市理论涉及生态学、社会学、城市规划学等多个学科领域，其基本内涵可以概括为 3 个方面：通过开发和应用新科技和新能源，推动低碳生产建设，同时减少城市的碳排放；将城市规划与低碳技术融合，建设绿色低碳交通和建筑等，合理配置公共资源以实现低碳发展；

通过政策和制度的保障，引导人们实施低碳生活、低碳消费和低碳出行，从消费端实现城市碳减排。同时，低碳城市理论可以进一步应用到城市各个部门，如产业、能源、建筑和交通等方面。

低碳产业包括两种类型，一是本身能耗和排放较低的产业，如农业，二是以低碳技术为基础的产业，如新能源产业。目前各国也纷纷出台相关政策和行动计划，鼓励企业节能减排，提高能源利用效率，增加可再生能源的利用。

低碳能源是一种能够替代高碳排放能源的能源形式，通过发展低碳能源如风能、核能、太阳能、地热能和生物质能等，取代传统的煤炭等化石能源燃烧，可以有效降低城市的碳排放。在全球范围内，丹麦最早在风力发电和热电联产方面处于领先地位，德国在太阳能供热技术方面也起步较早。进入 21 世纪后，中国大力推进新能源建设，光伏制造、装机容量和发电量目前均居世界第一位，到 2023 年末，中国光伏发电装机容量已达到 6.09 亿 kW。

低碳建筑注重在建筑的整个生命周期内降低化石能源消耗，提高能源利用效率，并减少碳排放。这涵盖了建筑材料的选择、施工过程以及建筑物的使用等各个环节。英国于 2006 年发布了可持续住宅标准，为低碳可持续建筑的设计提供了指导。中国在 2020 年发布的《绿色建筑创建行动方案》中提出，到 2022 年，当年新建的城镇建筑中，低碳绿色建筑的面积占比要超过 70%，这推动了中国绿色建筑的大规模建设。

低碳交通是在低碳经济模式下，以降低交通运输的能源消耗和碳排放为主要目标的一种可持续交通发展模式。低碳交通运输是中国国务院确定的三大节能减排产业发展战略之一。2011 年，中国决定在天津、重庆、深圳、杭州和厦门等 10 个城市开展交通运输低碳体系建设试点工作，表明低碳交通已成为重要战略任务。

《中国可持续发展战略报告 2009》中梳理了低碳城市的特征，即低碳城市具有经济性、安全性、动态性、区域性、系统性，而产业结构、基础设施、政策支持和消费保障构成了低碳城市的基本支撑体系。以北京、上海、天津、重庆为代表的大城市均被选入低碳城市试点名单并在低碳城市建设方面具有示范作用。

1.2.2　低碳城市规划

城市规划对低碳城市的发展与建设至关重要，低碳城市的建设需要通过城市规划有针对性地进行。通过规划城市产业结构、能源使用、生态环境、绿色交通和土地布局等方式，对城市产生结构性影响，有助于从根本上促进城市的低碳可持续发展。因此，低碳城市规划是低碳城市建设的基本战略，为城市的减碳活动提供有效的策略和可靠的保障。

中国的城市规划在近年实行国土空间规划改革以来可以从宏观的角度分为 3 个层面。第一个层面是国土空间总体规划，主要确定城镇空间、农业空间、生态空间，以及划定城镇开发边界，永久基本农田保护红线，生态保护红线等；第二个层面是国民经济和社会发展规划，通常以五年为周期，制定城市重大建设项目、经济比例关系和生产力分布等方面的规划，制定经济发展的方向和愿景；第三个层面是专项规划，针对城市环境、能源、交通发展等特定问题进行规划。从2005年开始，中国城市开始将节能减排纳入规划编制范围内，发展低碳城市规划。

低碳城市规划的目标是在保持城市经济高质量发展的同时控制碳排放总量，实现城市经济、环境和能源的可持续协同发展。低碳城市规划与社会经济规划密切相关，涉及城市总体发展战略、空间布局、产业结构和能源结构等方面。其中的核心问题是碳排放控制目标，涉及碳排放总量和碳排放强度等指标。这些目标应该分解到各个具体的城市部门，成为各部门发展和规划的约束性指标。因此，低碳城市规划正是通过产业规划、能源发展规划、环境保护规划、绿色建筑规划、交通体系规划和生态规划等一系列城市专项规划来协调和统一城市各个部门的行动，实现整体的低碳和可持续。

第 2 章 　全球各国的“双碳”行动

2.1 全球气候变化与碳排放

人类自身活动对大气组成的持续影响是全球气候变化的主要影响因素，表现为全球平均气温上升和极端气候事件增加。全球气候变化是世界各国共同面临的重大问题，尤其是进入21世纪以来，全球气候变化、温室效应、海平面上升和厄尔尼诺现象等一直困扰着人类的发展。这对人类社会的可持续发展构成巨大威胁，并将带来不可逆转的后果。导致全球气候变化的主要原因是大气中二氧化碳浓度的上升，而这主要源自人类活动中的化石燃料燃烧和地球土地利用变化。

1988年，世界气象组织（World Meteorological Organization，WMO）和联合国环境规划署（United Nations Environment Programme，UNEP）共同建立了"联合国政府间气候变化专门委员会"（IPCC），这个委员会成立的目的就是全面客观评估全球气候变化所带来的环境影响，并为各国政府提供应对气候变化的科学方法。IPCC作为全球政府间合作组织，成立以来定期发布评估报告，为全球各国提供气候变化情况的科学判断和跟踪评估。

近几十年来，IPCC已经发表了六份评估报告，分别是在1990年、1995年、2001年、2007年、2014年和2022年。此外，他们还发表了一些特别专题和方法学报告，为联合国气候变化框架公约（UNFCCC）的各缔约方制定温室气体清单并为相关政策提供指导。IPCC的第一份评估报告（First Assessment Report，1990）共计412页，由34名专家主要编写，强调了气候变化作为具有全球性影响的重要性以及国际合作的挑战。该报告在联合国气候变化框架公约的制定过程中发挥了重要作用。第二份评估报告（Second Assessment Report，1995）共计584页，由78名专家编写，为《京都议定书》（Kyoto Protocol）的制定提供参考。第三份评估报告（Third Assessment Report，2001）共计892页，由122名专家编写，着重考虑了气候变化的"影响"和"适应"。第四份评估报告（Assessment Report Forth，2007）共计1006页，由178名专家编写，重点提出全球温度上升2℃的上限。第五份评估报告（Assessment Report Five，2014）共计2014页，由258名主要专家编写，警示了全球气温上升的问题，并为《巴黎协定》的制定提供了依据。最新的评估报告是第六次评估报告（Assessment Report Six，2022），于2022年上半年发布。除《综合报告》外，该报告还包括了3个专题报告，分别是《气候变化2021：自然科学基础》《气候变化2022：减缓气候变化》和《气候变化2022：影响、适应和脆弱性》三个专题。在第六次评估周期中，IPCC还在2018—2019年间发布了三份特别报告，分别是《全球变暖1.5℃的明确影响和全球温室气体排放路径特别报告》《气候变化与土地》以及《气候变化中的海洋和冰冻圈的特别报告》。根据IPCC的第六次评估报告，2011—2020年全球平均地表温度相对于1850—1900年平均升高了1.1℃，预计到2030年将会升高超过1.5℃。根据目前各国政府采取的减缓气候变化措施，温室气体排放将在未来几十年内持续增长，但预计仍将保持在低于2℃的风险水平，这也是《巴黎协定》制定的长期目标。世界气象组织在2022年5月发布最新报告，预测在未来的五年内（即到2026年前），全球平均温度有50%的概率至少有一年比工业化前的平均水平（1850—1900年）高出1.5℃，且这一可能性会持续升高。而且，在2022—2026年间，更有高达93%的可能性至少有一年的平均温度将超过2016年，成为有记录以来最热的一年。

IPCC预测从2000—2030年能源利用产生的二氧化碳排放将增长45%~110%，排名前十的主要排放国家贡献了2010—2019年间75%的温室气体排放量。为缓解全球变暖的气候问题，以下是一些可行的措施。

促进清洁能源使用：各国可以加大对清洁能源的投资和支持，推广可再生能源，如太阳能、风能、水能等，此外，鼓励研发和采用新型清洁能源技术，如氢能源、核能等。减少温室气体排放：各国可以制定并实施减排政策，并采取措施降低温室气体排放，如提升能源效率、推广低碳交通工具、推动低碳产业发展等。保护森林和生态系统：森林和生态系统具有重要的碳汇作用，保护和恢复森林能够减少碳排放和吸收二氧化碳，各国可以加大森林保护力度，限制森林砍伐和滥伐，推动森林生态系统的恢复和可持续利用。加强国际合作：各国应加强国际合作，共同应对气候变化问题，国际组织如联合国、世界银行等可以提供技术、财政和政策支持，促进清洁能源的发展和转型。提升环境意识和教育：加强公众对气候变化问题的认识，提升环境保护意识，并开展相关教育和宣传活动，引导人们采取节能减排的生活方式，减少对环境的负面影响。推动可持续发展：在缓解气候变化的同时，各国也应着眼于经济和社会的可持续发展，发展可再生能源产业、绿色交通和循环经济等，以实现经济增长与环境保护的双赢。通过上述措施的实施，可以减缓全球变暖的趋势，保护环境，实现可持续发展。同时，各国需要加强合作，共同承担责任，推动全球气候治理进程。

2.2 全球减排行动

气候变化是全球各国共同面临的问题，减少温室气体排放，减缓全球温度升高也是各国的共同责任。20世纪末以来，各个国际组织均采取了一系列措施行动以实现这一目标。

1994年3月生效的《联合国气候变化框架公约》已有197个国家成为缔约方，其最终目标是将全球温室气体浓度控制在"防止人为干扰对气候系统造成危险后果的水平"。公约还规定了保护生态系统自然适应气候变化和确保粮食生产不受威胁的目标，同时提出了社会经济发展应以可持续的方式进行。过去和现在的发达国家是在工业化进程中主要排放温室气体的国家，因此这些国家需要尽可能减少自身的排放量，预计到 2000 年将排放量减少到 1990年水平。当时，许多国家采取了一系列减排措施以实现这一目标。这些国家被归类为经济合作与发展组织（OECD）中的附件一缔约方（Annex I），其中包括来自中欧和东欧的 12 个"转型经济体"国家。根据公约，这些国家同意通过公约的赠款和贷款制度向发展中国家提供财政支持，并同意分享相关技术。工业化国家还需要按照公约要求定期报告其气候变化相关政策和措施，并提交自 1990 年起每年的温室气体年度排放清单数据。对于发展中国家，公约要求他们报告对气候变化影响的各种举措，具体要求会根据这些国家是否有足够的财政支持进行调整。公约考虑到了欠发达国家经济发展的重要性，并允许这些国家在未来几年仍然增加温室气体排放份额，即使为了实现最终目标，也要求它们以不限制经济发展的方式进行排放限制。这样的方案在《京都议定书》中得到了构想和提出。在气候变化背景下，所有国家都将受到其影响，而发展中国家可能受到更大的影响。公约早期更加关注减缓气候变化的现象，但在 IPCC 第三次评估报告发布后，适应性也开始受到关注，并且缔约方开始关注解决不利影响和建立适应资金体系的程序。

《京都议定书》于 1997 年 12 月 11 日通过，但直到 2005 年 2 月 16 日才正式生效。至今，《京都议定书》已经有 192 个缔约方。《联合国气候变化框架公约》要求缔约国采取政策和措施来减缓气候变化，并定期提交报告。而《京都议定书》在此基础上使缔约国能够根据自身发展目标来减少和限制温室气体的排放。议定书根据公约的原则和规定，只对发达国家做出约束，并承认发达国家应该负主要责任，因此增加了发达国家在"共同但有区别责任和能力"原则下的责任。议定书附件列出了 37 个工业化国家、转型经济体和欧盟各自需要实现的减排目标，在第一个承诺期（2008—2012 年）中，平均排放量要比 1990 年减少 5%；第二个承诺期（2013—2020 年）的减排目标被称为《京都议定书多哈修正案》（Doha Amendment to the Kyoto Protocol），于 2012 年 12 月 8 日在卡塔尔多哈通过，并于 2020 年底生效。在第二个承诺期内，缔约方承诺将温室气体的全部排放量从 1990 年水平至少减少 18%。议定书的另一个重要内容是建立全球碳排放交易市场，包括国际排放交易、清洁发展机制和联合执行等三个市场机制，这些机制提高了气体减排效益，促进了绿色投资和减排技术创新。为确保各缔约国实现减排目标，《京都议定书》建立了严格的检测审查制度，要求各国严格监测实际排放量，并保存交易记录以便追究违约责任。

《巴黎协定》（The Paris Agreement）是一项具有国际法效力的气候变化相关条约，于 2015 年 12 月 12 日在巴黎气候大会上由 196 个缔约方共同签署，并于 2016 年 11 月 4 日生效。

协定旨在到 2023 年将全球气温升幅控制在远低于 2℃、最好是 1.5℃以内，为实现这一长期控温目标，各国需要尽快达到温室气体排放峰值，并在 21 世纪中叶实现全球气候中和。《巴黎协定》在多边气候变化中具备里程碑意义，具备法律约束力的协议将所有国家统一共同目标，以应对气候变化并为适应其影响做出举措。

根据现有的经济现状、社会转型和相关科学技术，《巴黎协定》的实施是以 5 年为基础周期的气候行动。到 2020 年，各缔约国需要提交自己的国家自主贡献（Nationally Determined Contribution，NDC），即相关的减排行动和适应气温上升的机制，以实现《巴黎协定》的目标。此外，《巴黎协定》还要求各国制定并提交到 2020 年的长期低碳发展战略（LT-LEDS），为国家自主贡献提供长期发展的视野。尽管长期低碳发展战略没有强制性，但在国家自主贡献的背景下，它为未来发展提供了指导和方向。在成员国之间的合作方面，《巴黎协定》提供了财政、技术和能力建设的 3 个支持框架。财政上，协定重申发达国家应向较弱国家提供财政援助，还鼓励发达国家自愿捐款以支持气候行动。这些资金可以用于减缓气候变化和适应环境变化。技术上，协定倡导充分发展和分享技术，以减少温室气体排放并增强应对气候变化的能力。协定还建立了框架来制定和实施相关技术机制。能力建设主要关注条件较弱的发展中国家，协定要求发达国家增加对发展中国家的支持以提升能力建设。

为了监测各缔约方的行动进展，《巴黎协定》建立了增强透明度框架。从 2024 年开始，各国需要按照国际程序透明报告他们在减缓气候变化、适应措施以及提供或接受支持方面的行动和进展。透明度框架将帮助全球收集信息，更好地评估实现《巴黎协定》长期气候目标的进展情况。到目前为止，《巴黎协定》推动了低碳解决方案和新兴市场的出现，越来越多的国家、地区、城市和企业都参与了碳中和目标。在排放量占比特大的部门中，零碳解决方案变得更具竞争力，尤其在能源和交通领域。

《巴黎协定》要求各缔约方在 2020 年后提交国家自主贡献（NDC），概述和传达其气候行动。这些 NDC 将每五年提交给联合国气候变化框架公约秘书处，反映了各国为减少排放和适应气候变化所采取的措施。NDC 中的气候行动旨在尽快达到全球温室气体排放的峰值，并在此后根据科学指导尽快减排，以实现 21 世纪下半叶温室气体排放源和碳汇吸收间的平衡。巴黎协定同时也提出减排行动应当在公平发展、可持续发展和贫困消除的基础上进行，发展中国家的排放达峰通常需要更长的时间。

除了上述各种国际公约应对气候变化，全球还有一些致力于推动城市低碳减排的组织。例如，城市气候领导联盟（Cities Climate Leadership Group，以下简称"C40"）是一个由 40 个国际城市组成的联盟，该组织成立于 2005 年，是由前伦敦市长肯·利文斯顿提议，并围绕《克林顿气候倡议》（Clinton Global Initiative）实施城市减排计划，以推动全球城市的减排行动和可持续发展。C40 城市还采取了行动要点，包括采购政策和建立联盟，以推动气候友好技术的应用和市场影响力，为其他城市树立榜样。

国际地方环境倡议理事会（International Council for Local Environmental Initiatives）的城市气候保护项目是一个由可持续城市经营组织倡导的气候变化应对项目。该项目提出各国城市政府在温室气体减排中发挥重要作用，并将可持续发展纳入城市政府的决策和实施中，推动当地应对气候变化的行动。

《国际太阳能城市倡议》（International Solar Cities Initiative）发布于 2003 年，最初是由太阳能领域的科学家们提出的。他们认为太阳能的应用非常依赖于社会认知和城市决策者的支持，因此倡导将太阳能研究与城市政策相结合，推动太阳能在全球城市中的应用，减少传统能源的使用和成本。

应对气候变化项目（Global Climate Action）是世界自然基金会主导的一个项目。作为最大的独立非政府环境保护组织，世界自然基金会致力于推动全球各国在环境保护方面的合作。他们建立的应对气候变化项目在 100 多个国家建立了研究和观察网络，定期发布全球气候变化的评估报告，并通过一系列行动来促进全球减少温室气体排放。

2.3 各国应对气候变化政策

2020 年初爆发的新冠肺炎疫情在一定程度上减缓了全球经济发展和能源消耗。因此，2020 年的温室气体排放量与 2019 年相比下降了约 6%。然而，这种改善只是暂时的，气候变化的长期趋势并没有改变。疫情结束后，全球经济复苏迅速将排放量恢复到更高的水平，据国际能源署发布的《2023 年二氧化碳排放》显示，2023 年全球与能源相关的二氧化碳排放量达到 374 亿 t，为历史最高。为了应对气候变化及其影响，联合国正在采取紧急行动。这些行动包括加强所有国家对气候变化引起的灾害的复原能力和适应能力，将应对措施纳入国家政策、战略和规划，并履行各个缔约方对《联合国气候变化框架公约》的承诺。此外，每年动员 1000 亿美元作为绿色气候基金用于应对气候变化，同时促进并提高最不发达国家和小岛屿国家有效应对气候变化的能力。

根据《联合国气候变化框架公约》，发达国家和发展中国家共同努力减轻和适应人类活动温室气体排放所带来的影响。在这一背景下，各国采取了一系列政策和行动，纷纷提出自己的碳中和目标（表 2-1）。

国家或地区	目标	
	年份	实施状态
中国	2060	纳入政策议程
哥斯达黎加	2050	纳入政策议程
埃塞俄比亚	2030	纳入政策议程
冰岛	2040	纳入政策议程
日本	2050	纳入政策议程
挪威	2050	纳入政策议程
葡萄牙	2050	纳入政策议程
斯洛伐克	2050	纳入政策议程
南非	2050	纳入政策议程
韩国	2050	纳入政策议程
瑞士	2050	纳入政策议程
奥地利	2040	政治协议达成
欧盟	2050	政治协议达成
芬兰	2035	政治协议达成
爱尔兰	2050	政治协议达成
加拿大	2050	政策讨论
丹麦	2050	已立法
法国	2050	已立法
匈牙利	2050	已立法
德国	2050	已立法
新西兰	2050	已立法
苏格兰	2034	已立法
瑞典	2034	已立法
英国	2050	已立法
西班牙	2050	立法中

　　国外碳中和、碳达峰和可持续发展报告成为评估全球和各国应对气候变化、实现碳中和、碳达峰与可持续发展进展和挑战的重要文件。这些报告的目的在于推动全球范围内对气候变化和可持续发展问题的认识，并促使国际社会采取更积极的行动，制定更具体有效的政策和措施来应对气候变化的挑战，实现碳中和与碳达峰目标，并推动经济、社会和环境的可持续发展。这些报告为政府、企业、公众和国际组织提供了重要的参考和指导，是全球应对气候

变化和可持续发展的重要工具。

欧盟：根据 2009 年欧洲理事会的规定，并作为 2012 年以后全球协议的一部分，欧盟重申了其条件性的提议，即到 2020 年将排放量减少到 1990 年水平的 30%。前提是其他发达国家承诺实现类似的减排目标，发展中国家根据其责任和能力做出相应贡献。欧盟及其 27 个成员国希望重申对谈判进程的承诺，以实现将全球至 2030 年的平均气温上升限制在 2℃ 以下的战略目标，这要求全球温室气体排放最迟在 2020 年达到峰值，并在 2050 年实现碳中和。为实现这一目标，欧盟采取了一揽子措施，巩固了欧盟排放交易计划，并扩大了其范围。

美国：根据最初的能源和气候立法，美国曾提出到 2020 年将排放量减少至 2005 年的 17%，并承诺最终目标将根据立法向《联合国气候变化框架公约》秘书处报告。此外，美国也计划到 2025 年减排 30%，到 2030 年减排 42%，到 2050 年减排 83%，并逐步实现碳中和。

俄罗斯：俄罗斯最初表示，到 2020 年与 1990 年相比将减少 15%~25% 的温室气体排放。之后，该国又制定了在 2060 年实现碳中和的目标。为确定减排幅度，俄罗斯将考虑其林业部门的潜力以及其他排放主体的法律义务。在 2010 年 12 月 8 日致《联合国气候变化框架公约》执行秘书的信中，俄罗斯重申了履行承诺的意愿，并表明将通过参加新的全面协议来实现这些承诺，在《京都议定书》第一个承诺期结束之前完成制定该协议。

澳大利亚：如果全球同意将大气中的温室气体水平稳定在 450ppm 二氧化碳当量或更低，澳大利亚曾计划到 2020 年将温室气体排放量在 2000 年的基础上减少 25%，并于 2040 年实现碳中和。

白俄罗斯：白俄罗斯曾计划到 2020 年将温室气体排放量比 2000 年减少 5%~10%。为了实现这一目标，白俄罗斯将利用《京都议定书》下的灵活机制，加强能力建设，同时加强技术转移和减排经验的获取。

加拿大：加拿大曾确定了到 2020 年将二氧化碳排放量与 2005 年相比减少 17% 的目标，以与美国一致。此外，还提出了到 2050 年实现碳中和的目标。

日本：日本最初提出到 2020 年将温室气体排放量与 1990 年相比减少 25% 的目标。基于对能源政策和结构的进一步审视，并考虑了核能的减排方案，日本最终确定到 2050 年实现碳中和。

摩纳哥：摩纳哥曾提出承诺到 2020 年温室气体排放量在 1990 年的基础上减少 30%，在 2050 年之前实现碳中和。为达到这一减排目标，摩纳哥计划利用《京都议定书》的灵活性机制，尤其是清洁发展机制。

新西兰：新西兰曾明确表示，将遵循《京都议定书》第二承诺期规则，到 2020 年将二氧化碳的排放量与 1990 年相比减少 5%，并在 2050 年实现碳中和。

挪威：挪威气候变化政策的一个重要特点是基于《京都议定书》利用灵活而具有成本效

益的方法，这是挪威减排目标的基本前提。挪威将 2020 年的减排目标从最初承诺的 30%（相对于 1990 年水平）调整为减少 40%，并承诺在 2050 年实现碳中和。

瑞士：瑞士最初提出至 2020 年减排 20%，后又转变为 30%，前提是其他发达国家做出可比较的减排承诺，发展中国家根据其责任和能力做出充分贡献。

印度：印度曾表示努力到 2020 年将国内生产总值的排放强度相比 2005 年水平降低 20%~25%。此外，农业部门的排放不会被计入排放强度评估中。印度表示，拟议的国内行动是自愿性质的，没有法律约束力，这些行动将根据相关国家的立法、政策以及公约的原则和规定来规范。

2.4　中国的"双碳"目标和政策

2007 年，中国在亚太经合组织（APEC）第 15 次领导人会议上明确提出，中国将积极发展"低碳经济"。自那时起，低碳发展和减排成为中国社会和经济发展的重要议题。中国是首批实施《应对气候变化国家方案》的发展中国家之一，也是近年来减排力度最大的国家。2009 年 12 月，中国在丹麦哥本哈根气候变化大会上承诺，到 2020 年，将单位国内生产总值二氧化碳排放比 2005 年减少 40%~45%。2010 年 7 月，国家发展和改革委员会发布了《关于开展低碳省区和低碳城市试点工作的通知》，在 5 个省份和 8 个城市开始试点，标志着低碳城市建设成为国家战略。2011 年，国务院公布了《"十二五"控制温室气体排放工作方案》，明确通过试点工作，形成一批有典型示范意义的低碳省区和低碳城市。2012 年，国家发展和改革委员会启动第二批低碳省区和低碳城市试点工作，包括北京和上海等 29 个城市和省份。

在 2015 年的巴黎气候变化大会上，中国宣布将努力争取尽早实现在 2030 年左右使二氧化碳排放达到峰值，并计划到 2030 年，使单位国内生产总值二氧化碳排放量比 2005 年减少 60%~65%。在 2020 年 9 月的第 75 届联合国大会上，中国进一步表示，将加大力度采取更有力的政策措施，争取在 2030 年前实现"碳达峰"，并在 2060 年前实现"碳中和"，这些目标将指导中国未来的减排发展方向。

然而，当前中国经济结构仍存在一些问题，工业化和城镇化建设还处在深入推进阶段，经济发展和民生改善的任务较为繁重，能源消费需求依然旺盛。与发达国家相比，中国实现"碳达峰""碳中和"的时间更为紧迫，因此从顶层设计到各地城市发展都需要做好相应的准备。

2021 年 5 月，中共中央成立了"碳达峰碳中和工作领导小组"，该小组作为国家层面的指导和协调机构，负责推进全国的"双碳"工作，办公室设在国家发展和改革委员会。根据中央的部署，中国将逐步建立"1+N"的"双碳"工作政策体系。其中，"1"指的是党中央、国务院发布的相关政策，在政策体系中发挥统领作用；"N"则包括能源、工业、交通运输、城乡建设等领域的"碳达峰""碳中和"实施方案，以及科技支撑、能源保障、财政金融、价格政策、碳汇能力、标准计量体系、督察考核等保障机制。

2021年10月，中共中央发布了《中共中央国务院关于完整准确全面贯彻新发展理念做好碳达峰碳中和工作的意见》（以下简称《意见》），全面部署推进全国的"双碳"工作。在《意见》中提出了中国碳达峰碳中和工作中需要完成5个方面的目标，即构建绿色低碳循环发展的经济体系、提升能源利用效率、提高非化石能源消费比重、降低二氧化碳排放水平、提升生态系统碳汇能力等。《意见》同时提出到2025年，全国绿色低碳循环发展的经济体系初步形成，重点行业能源利用效率大幅提升。单位国内生产总值能耗比2020年下降13.5%；单位国内生产总值二氧化碳排放比2020年下降18%；非化石能源消费比重达到20%左右；森林覆盖率达到24.1%，森林蓄积量达到180亿 m^3，为实现碳达峰、碳中和奠定坚实基础。到2030年，经济社会发展全面绿色转型取得显著成效，重点耗能行业能源利用效率达到国际先进水平。单位国内生产总值能耗大幅下降；单位国内生产总值二氧化碳排放比2005年下降65%以上；非化石能源消费比重达到25%左右，风电、太阳能发电总装机容量达到12亿kW以上；森林覆盖率达到25%左右，森林蓄积量达到190亿 m^3，二氧化碳排放量达到峰值并实现稳中有降。到2060年，绿色低碳循环发展的经济体系和清洁低碳安全高效的能源体系全面建立，能源利用效率达到国际先进水平，非化石能源消费比重达到80%以上，碳中和目标顺利实现，生态文明建设取得丰硕成果，开创人与自然和谐共生新境界。这一系列目标的设立，标志着中国将在极短的时间内完成碳排放强度的巨大降幅，这是前所未有的雄心和力度，同时也需要付出艰苦卓绝的努力。

2021年10月，中共中央还发布了《2030年前碳达峰行动方案》（以下简称《方案》），《方案》整理了为了实现2030年的碳达峰，国家在能源绿色低碳转型行动、节能降碳增效行动、工业领域碳达峰行动、城乡建设碳达峰行动、交通运输绿色低碳行动、循环经济助力降碳行动、绿色低碳科技创新行动、碳汇能力巩固提升行动、绿色低碳全民行动等各方面发布的行动指南。其中，能源绿色低碳转型行动包括了2022年3月发布的《"十四五"现代能源体系规划》和《氢能产业发展中长期规划（2021—2035年）》，这两个规划对大力发展非化石能源，加快推动能源绿色低碳转型，构建新型电力系统作出了部署和规划；节能降碳增效行动包括了2022年1月发布的《"十四五"节能减排综合工作方案》和2022年2月发布的《高耗能行业重点领域节能降碳改造升级实施指南（2022年版）》，这两个文件对各个重点产业明确了节能减碳的任务并提出了到2025年的具体目标；工业领域碳达峰行动包括了2022年1月发布的《关于促进钢铁工业高质量发展的指导意见》、2022年2月发布的《水泥行业节能降碳改造升级实施指南》、2022 年 3 月发布的《关于"十四五"推动石化化工行业高质量发展的指导意见》、2022 年 4 月发布的《关于化纤工业高质量发展的指导意见》及《关于产业用纺织品行业高质量发展的指导意见》，分行业具体提出 2025 年的阶段性目标和 2030 年的达峰目标；城乡建设碳达峰行动包括 2021 年 11 月发布的《关于拓展农业多种功能促进乡村产业高质量发展的指导意见》、2022 年 1 月发布的《"十四五"推动长江经济带发展城乡建设行动方案》和《"十四五"黄河流域生态保护和高质量发展城乡建设行动方案》，强调了加强绿色低碳教育、打造高水平科技攻关平台、加快紧缺人才培养等 9 项重点任务。

2022 年 6 月，住房和城乡建设部以及国家发展和改革委员会联合发布了《城乡建设领域碳达峰实施方案》。该方案旨在推动绿色低碳城市的建设，并提出了以下 7 个领域的要求：优化城市结构和布局、开展绿色低碳社区建设、全面提高绿色低碳建筑水平、建设绿色低碳住宅、提高基础设施运行效率、优化城市建设用能结构以及推进绿色低碳建造。在"优化城市结构和布局"中，方案强调了城市形态、密度、功能布局和建设方式对碳减排的重要性，并提倡积极开展绿色低碳城市建设，推动组团式发展。为了实现这一目标，方案提出每个组团面积不超过 50km^2，组团内平均人口密度原则上不超过 1 万人 /km^2。此外，方案还强调了加强生态廊道、景观视廊、通风廊道、滨水空间和城市绿道的统筹布局，留足城市河湖生态空间和防洪排涝空间。组团间的生态廊道应贯通连续，净宽度不少于 100m。同时，新城新区需要合理控制职住比例，促进就业岗位和居住空间均衡融合布局。这些措施旨在提高城市的可持续发展能力，实现碳达峰的目标。

2022 年，《低碳发展蓝皮书：中国碳中和发展报告（2022）》和《低碳发展蓝皮书：中国碳达峰碳中和进展报告（2022）》正式发布（图 2-1）。根据报告的内容，自 2007 年以来，中国碳中和发展指数总体上呈缓慢上升的趋势，并自 2015 年开始加速上升。这一指数从 2001 年的 164.95 增长到 2019 年的 182.50。这一趋势的主要原因是粗钢、煤油、焦炭等工业高耗能产品产量的不断提高。值得注意的是，2019 年的绿色能源、绿色交通和生态碳汇指数相较于 2001 年有了显著提高，这表明中国在减少碳排放、发展绿色能源和推进生态建设方面取得了积极进展，这些进展为实现"双碳"目标奠定了坚实基础，中国的碳排放量逐步进入"平台期"

图 2-1 中国碳中和相关报告

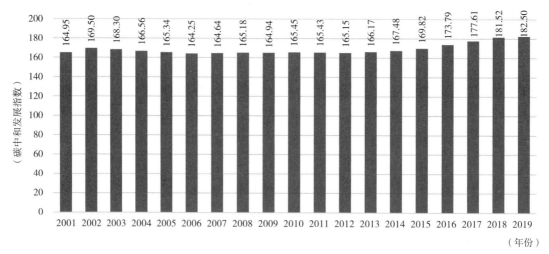

图 2-2 2001—2019 年中国碳中和发展指数
（数据来源：《低碳发展蓝皮书：中国碳达峰碳中和进展报告（2022）》）

（图 2-2）。

根据 2019 年的数据，省际碳中和发展指数的均值为 5.89，有 14 个省（区）的指数超过了这个均值。在专题报告中，从森林碳汇当量、能源体系和协同控制等角度对碳中和目标的现实需求进行了探讨。报告指出，中国的二氧化碳排放量虽然排名较高，但累计排放总量仍远低于欧美发达国家，且人均二氧化碳排放量也远不及美国、俄罗斯等国家。报告预测了中国五大区域碳排放梯次达峰情况：在政策情景下，东部、中部和西南可以在 2025 年左右达峰，东北在 2030 年左右达峰，西北在 2035 年左右达峰；在强化减排情景下，五大区域的达峰时间比政策情景下提前 5 年左右。

第 3 章　基础理论与国内外研究动态

3.1 基础理论

3.1.1 可持续发展理论

自"二战"后，全球发展经历了多次重大变革。受到环境危机、能源危机、全球气候变暖、生态退化、人口激增、金融危机等一系列全球性因素的影响，人类对于发展问题的认识逐渐加深。1962 年，美国作家卡逊出版了《寂静的春天》，警示人们环境污染对地球生态系统造成的严重破坏。1972 年，瑞典斯德哥尔摩举行了"世界人类环境大会"，会上发布了《人类环境宣言》，强调人们应该保护环境，重申"只有一个地球"的环保观念。同年，梅多斯等人合著的《增长的极限》呼吁人们改变原有的发展模式，实现可持续增长，使可持续发展理念成为 20 世纪 80 年代社会发展的主流思想。1980 年，联合国环境规划署和多个环境保护组织共同呼吁各国政府和科学家制定了《世界自然保护大纲》，该大纲提出通过合理管理生物资源来满足当代和后世人类需求的观点，凸显了可持续思想的核心。1987 年，于日本东京召开的世界环境与发展委员会第八次大会发表了名为《我们共同的未来》的报告，并发表了《东京宣言》，提出了可持续发展的概念，鼓励各国将可持续发展作为新的发展目标，将环境保护与人类生存发展密切联系起来。20 世纪 90 年代后，可持续发展的观念正式进入国际议程。1992 年，巴西里约热内卢举行的联合国环境与发展大会通过了《21 世纪议程》，在全球范围内形成了可持续发展的行动蓝图。

可持续发展是一种发展模式，既能满足当前人们的生存与发展需求，又不会威胁后代人的生存需求。它强调正确地处理人与自然、社会、经济之间的关系，致力于创造一个更加美好、公平、和谐、可持续的世界。可持续发展包括经济、生态和社会 3 个方面，遵循公平、可持续和共同的原则。它不仅要满足当前人的需求，还要考虑后代人的生存与发展，即代内公平和代际公平需兼顾。因此，人类需要保护自然资源，确保生态系统能持续地再生产。可持续发展是全球面临的重大问题，需要全球各国和组织共同合作。只有通过全球合作，才能保护自然环境和资源，提高人类生活质量，追求人类社会全面发展。

在城市发展领域，可持续发展提供了城市转型的机会，特别是在快速城镇化的浪潮下，可持续发展理论对于大城市的"碳达峰"和"碳中和"战略具有指导性作用。它提示我们，在城市碳排放系统中，经济、社会、环境、能源等方面相互依存、紧密相连，只有协调这些因素，使其和谐统一地发展，才能实现城市的低碳可持续发展。

3.1.2　系统动力学理论

　　系统动力学是一门交叉学科，将自然科学和社会科学紧密结合。它基于分析系统中因果关系和正负反馈回路，通过时间维度的演化，识别系统问题并提出解决方案。1973年，路德维希·冯·贝塔朗菲发表了《一般系统论》，奠定了现代系统科学理论的基础。1956年，麻省理工学院的杰伊·福瑞斯特教授创立了系统动力学，最初主要运用于工业企业管理，随后，它的应用范围逐渐扩大至科研、设计、社会问题决策等各个领域。系统动力学将工程系统的反馈控制机制应用于社会系统的研究中，不断扩展其研究范围，从单纯的技术问题发展到研究人类社会各系统间的复杂问题。借助现代计算机模拟技术，系统动力学为复杂系统问题的研究提供了丰富多元化的思路和手段，兼具定性和定量研究。目前系统动力学引进中国已有四十余载，在城市规划、产业发展、生态环境保护、科技管理等领域都发挥了重要的作用。

　　在系统动力学理论中，"系统"是指一个由相互联系、相互作用、和而不同的诸多元素有机组合成的具有某种功能特征的集合体。系统中的各要素间存在联系，即因果关

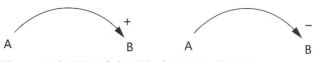

图3-1　正向因果回路（左）与负向因果回路（右）

系，分为正因果关系和负因果关系。假设系统要素A与B，若A增加能够导致B增加，则A与B之间存在正向因果关系；反之则A与B间存在负向因果关系（图3-1）。"反馈"是指信息的传输与回授，在系统中则指系统输出与来自外部的输入之间的关系，因此当存在首尾相连的因果关系时，便形成了正负因果反馈回路，而含有反馈回路的系统便形成了反馈系统。反馈回路是构成系统的一个基本结构，在此基础上可以搭建复杂反馈系统来对现实问题进行模拟。

　　系统动力学理论与控制论和运筹学等系统理论方法一致，但在传统系统思想基础上有了突破，能够对更复杂的社会现实系统问题进行研究。由于实际问题的复杂性、非线性、高阶次和因果反馈等特点，系统的结构对整个系统的行为起着决定性作用。此外，系统动力学还强调对系统在时间维度上进行动态模拟，因此被广泛应用于各种系统的预测和决策中。

　　对城市碳排放进行模拟需要使用系统动力学来分析系统内各要素之间的因果关系，并形成反馈回路，以此构建模型来研究大城市的经济、社会、能源、环境等方面与碳排放之间的动态关系，并进行不同情景下碳排放峰值的模拟和预测。

3.2 国外研究动态

3.2.1 城市碳达峰研究进展

由于国外城市在碳达峰方面较早取得了进展，因此对碳排放峰值的研究主要集中在影响因素以及碳排放监测评估上，通常采用量化计算的方法来评估各因素对碳排放的影响程度。伊巴涅斯（Ibanez）等人通过采用 EKC 假设构建了检验模型，研究了菲律宾经济增长与碳排放的关系，强调了能源效率政策在碳减排中的关键作用。利南 – 阿班托（Linan-Abanto）测算了墨西哥的一氧化碳和二氧化碳排放，比较了它们的排放比率，并对墨西哥的碳排放清单进行了相应的评估。皮莱（Pillai）建立了高空间分辨率的模型，通过贝叶斯反演对德国的碳排放进行监测追踪，为构建碳排放监测系统提供了新的思路。

在判断历史碳达峰时，要求某地区的碳排放峰值与最新建立的碳排放清单相比，已经达到最高水平，并形成长期趋势，否则排放变化可能受到极端天气或经济因素的影响而出现反复达峰。在地区碳达峰后的 5 年内，碳排放必须下降 10% 以上，并需要公开承诺无条件进一步减排，这才能满足历史碳达峰的判断标准。对于未来的达峰判断，则要求城市或地区明确碳排放峰值或对碳减排作出承诺。而设定碳达峰目标包括基准年排放目标、固定水平排放目标、轨迹目标等，这些目标或承诺应该是无条件的。在预测城市碳达峰方面，塔皮奥（Tapio）提出了脱钩系数法，用于评价能源与经济增长之间的解耦关系，一旦判断做出，结合各城市的实际情况，可设定碳达峰的时间期限。莫妮卡·萨尔维娅（Monica Salvia）等人将欧洲城市的碳减排目标结合城市类型、城市规模、城市气候、地理区域等因素进行了分析。里卡多·玛丽亚·普尔塞利（Riccardo Maria Pulselli）等研究了能源设计、城市设计、碳核算 3 个措施，提出粮食生产、设施共享、生态系统服务价值评估等一系列措施以达成欧洲 2050 年碳中和目标。

3.2.2 碳排放测算研究

自 20 世纪末以来，西方国家一直致力于碳排放核算的研究，主要研究机构包括 IPCC、各国政府以及相关研究机构。研究的主要内容涵盖碳排放清单的制定以及碳排放测算方法。

碳排放清单包括所有温室气体排放的统计表，以及与之对应的方法和数据说明报告。目前存在两种主流的温室气体清单核算方式，第一种是以 IPCC 为代表，以地理边界为划分的温室气体清单。IPCC 于 1996 年发布了首份基于国家视角的温室气体排放清单，基于此，于 2006 年发布了新的碳排放清单指南，并在后续三次修订中进一步明确了碳核算的方法。在此基础上，世界资源研究所和国际地方环境行动理事会相继发布了《社区规模温室气体排放清单全球协议》和《国际地方政府温室气体排放协议》，提供了更为精确的自上而下的温室气体核算清单。第二种温室气体清单则以经济单位或组织边界为划分，包括《企业温室气体清单指南》《温室气体——组织层面量化与核查特别指引》ISO 14064–1 和《城市国际标准》ISO 37120 系列标准等，为企业层面的温室气体排放核算提供了指导。

从碳排放的测算方法来看，针对不同地域尺度研究对象的碳排放测算方法不尽相同，适用范围较广的方法有排放因子法、实测法、生命周期法等。排放因子法由 IPCC 首先提出，在质量平衡理论的基础上通过排放因子与排放源的活动数据相乘得到其温室气体排放量，是目前使用最为广泛的一种方法，如公式（3–1），其中 EF 代表排放因子，单位为 kg/TJ，Activity 表示燃料消费量，单位为 TJ。

$$温室气体排放量 = \sum \left(EF_{i,\,j,\,k} \times Activity_{i,\,j,\,k} \right) \tag{3–1}$$

实地测试方法通过在现场进行测量以获取数据，尽管其精度较高，但统计成本也很高，并且在排放源种类上存在较大的局限性。质量平衡法计算了生产过程中消耗的化学物质份额，可以反映碳排放源的实际排放量以及不同设备之间的排放差异。生命周期法涵盖产品的每个阶段，虽然范围广泛，但计算容易产生误差。随着"3S"技术——遥感（RS）、全球定位系统（GPS）、地理信息系统（GIS）的发展，利用遥感数据对碳排放进行估算成为一种热门方法。

此外，学者们还研发了城市层面的碳排放测算方法。道尔（Doll）和欧达（Oda）利用夜间灯光数据结合经济、人口等辅助统计信息，证明夜间灯光数据与碳排放存在关联性，后者基于夜间灯光数据建立了二氧化碳反演框架，推导出全球 1980—2007 年的排放清单。相较于 IPCC 方法，这些方法对数据要求更高，处理难度也更大。

奥夫哈默（Auffhammer）等学者将中国 287 个城市的工业碳排放特征分解为规模效应、结构效应和技术效应等因素，并提出了不同城市三种效应的减排贡献差异。拉玛斯瓦米（Ramaswami）等则基于城市的产业结构，将中国城市划分为工业城市、商业城市和混合经济城市三种类型，并分析了人口规模、国内生产总值与能源消耗之间的关系。

3.2.3 低碳城市规划研究

目前，国际上许多学者已对碳排放与低碳城市规划之间的关系进行了深入研究。研究结果表明，城市空间形态结构、土地利用、空间扩张、产业结构等因素在不同程度上影响碳排放，这说明通过合理的城市规划可以在源头控制碳排放，因此低碳城市规划逐渐引起各国的关注。

低碳城市规划主要依赖于低碳社会和低碳经济的理念,其目标是通过对城市规划要素如土地、交通、能源、建筑等进行合理配置,确保城市未来发展以低碳可持续为导向。早在20世纪70年代,丹麦就将低能耗社会理念融入城市规划;哥本哈根自20世纪90年代起着力减碳,并在城市规划中强调低碳出行的重要性;英国城乡规划协会(TCPA)提出不同城市空间类型需要有针对性的低碳规划侧重点,伦敦于2007年通过《用今天的行动确保明天》规划方案来应对气候变化;美国在2007年发布的2030年综合规划《纽约城市规划:更绿色更美好的纽约》中贯彻了低碳理念,全面考虑了城市增长、基础设施老化、环境不稳定等因素,对纽约进行了低碳规划;日本东京于2006年提出《十年后的东京》计划,明确减碳排放目标并逐一实施到各城市发展部门。世界各国正积极努力建设低碳城市,以减缓人类活动引起的碳排放导致的气候变化。

城市土地利用的演变和空间扩张构成了一个漫长而又错综复杂的过程,往往受到自然地理环境、社会经济条件以及城市规划和发展政策等多方面因素的共同影响。国外许多学者已经在揭示城市扩展过程的内在机制方面进行了大量研究,同时也在模拟和预测城市动态发展的变化过程上展开了学术探讨。

3.2.4 城市空间发展模拟方法

在城市空间发展模拟方面,遥感(RS)与地理信息系统(GIS)空间信息技术模型、元胞自动机(CA)模型、逻辑回归(Logit)模型、土地利用变化及其空间效应(CLUE-S)模型、土地利用转化(LTM模)型和城市增长元细胞自动机(SLEUTH)模型等方法已经得到广泛运用。

遥感和地理信息系统空间信息技术模型利用土地利用遥感影像图,通过分析不同地类在软件中呈现的颜色、纹理和形状,对土地利用/覆盖变化进行综合分析。

元胞自动机模型基于单个元胞的变量信息挖掘,构建转换规则,包括元胞与元胞空间、元胞状态、邻域、时间和转换规则等基本部分。其中,转换规则是模型的核心,包含开发适宜性、邻域约束、限制约束和随机扰动4个部分。

逻辑回归模型针对二分类或多分类响应变量建立回归模型,将城市土地利用转化看作受多种因子影响的概率事件。该模型使用各土地利用类型作为因变量,各驱动因子作为自变量,建立驱动因子与土地利用转化概率的相关关系,从而预测城市土地空间的扩展。

土地利用变化及其空间效应模型,主要在较小尺度上模拟土地利用变化及其环境效益。包括需求分析模块、统计分析模块和空间分配模块3个部分,其中需求分析模块用于分析土地利用空间变化的驱动力。

土地利用转化模型，基于 GIS 平台并结合人工神经网络技术，通过分析城市土地利用变化与驱动因子的关系，预测城市土地利用变化与空间格局变化。主要包括两个部分：采用 ANN 方法对影响因子进行分析预测，以及通过 PID 方法预测特定时间尺度上的城市空间格局变化情况。

城市增长元细胞自动机模型需要六个影响数据：坡度层（slope）、土地利用层（landuse）、排除层（excluded）、城市土地层（urban）、交通层（transportation）和阴影层（hillshade）。该模型通过 CA 模型模拟城市发展和对土地利用变化的影响，由城市模拟模块和土地利用覆盖变化转换模块组成。

3.3 国内研究动态

3.3.1 中国城市碳排放及低碳城市试点情况

自 21 世纪以来，中国的碳排放总量迅速增长，在 2004 年左右超过了美国（图 3-2），成为全球最大的碳排放经济体。截至 2022 年，中国的二氧化碳排放总量已经增加了三倍，而

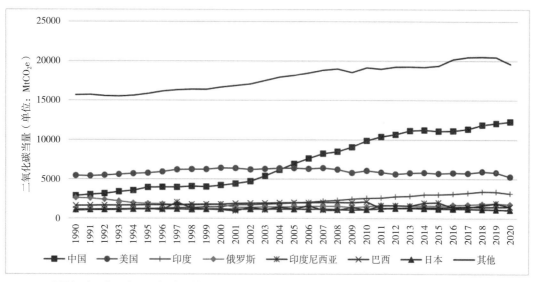

图 3-2 世界部分国家历史温室气体排放总量概况

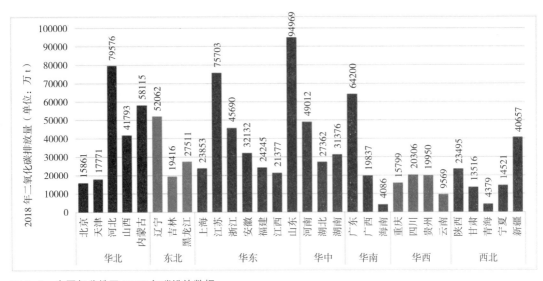

图 3-3　中国部分地区 2018 年碳排放数据
（数据来源：世界资源研究所北京代表处气候与能源项目）

碳排放主要集中在华东和华北地区。由于城市发展阶段、经济基础、人口规模和环境条件的差异，中国各地区的碳排放存在明显的差异。以 2018 年为例（图 3-3），总体来看，中国的碳排放地区分布状况为华东＞华北＞华中＞东北＞西北＞华南＞华西，呈现出东部高、西部低、南部高、北部低的特征。在区域层面，长三角、京津冀和粤港澳大湾区的碳排放总量约占全国的 30%，在"双碳"背景下对城市群区域的减碳研究具有重要的战略意义，如果能够尽早实现这些区域的"碳达峰"，将对实现中国的"双碳"目标作出重要贡献。在各省级行政区中，山东省的碳排放量位居首位，占全国总量的 10%；山东、河北、江苏和广东四个省份的碳排放量占全国总量的 30% 以上；而碳排放量最低的地区依次为海南、青海和宁夏，省际的差异也为中国的低碳城市研究提出了巨大的挑战。

自国务院于 2009 年提出 2020 年温室气体排放控制目标后，各地纷纷启动了低碳城市发展的试点工作。2010 年确定了首批低碳试点省市，包括广东、辽宁、湖北等五省八市；2012 年确定了第二批低碳试点省市，涵盖海南省以及北京、上海等地市，共计 1 个省和 28 个城市；2017 年，新增了包括南京、嘉兴、合肥等在内的 45 个城市 / 区、县，三批合计 87 个低碳试点地区（表 3-1）。其中，82 个低碳试点已明确了碳达峰目标时间，截至 2020 年，有 18 个已实现碳达峰，而在 2021—2025 年间计划实现碳达峰的低碳地区试点最多，共有 42 个。预计在 2026—2030 年间完成碳达峰的有 22 个，显示出"十四五"阶段将是我国实现碳达峰的关键时期。

从各地区发布的"十四五"规划来看，各地推进"双碳"目标的措施大致方向相似，涉

　　　　　　　　　　　　　　　　　　　　　　　中国城市"双碳"情景与路径

及产业绿色转型与升级、推进公共绿色交通建设、提倡使用新能源汽车、重污染企业转型、风电光伏替代等方面。不同类型的城市采取了有针对性的差异化碳达峰措施。

中国 87 个低碳试点地区　　　　　　　　　　　　　　　表 3-1

试点批次	地区（碳达峰目标年份）
第一批低碳试点 （13 个）	广东、辽宁、湖北、陕西、云南、天津、重庆、深圳、厦门、杭州、南昌、贵阳、保定
第二批低碳试点 （29 个）	北京（2012 年）、上海（2025 年）、海南、石家庄、秦皇岛、晋城、呼伦贝尔、吉林、大兴安岭地区、苏州（2025 年）、淮安、镇江、宁波、温州、池州、南平、景德镇、赣州、青岛、济源、武汉、广州、桂林、广元、遵义、昆明、延安、金昌、乌鲁木齐
第三批低碳试点 （45 个）	乌海（2025 年）、沈阳（2027 年）、大连（2025 年）、朝阳（2025 年）、黑龙江逊克县（2024 年）、南京（2022 年）、常州（2023 年）、嘉兴（2023 年）、金华（2020 年左右）、衢州（2022 年）、合肥（2024 年）、淮北（2025 年）、黄山（2020 年）、六安（2030 年）、宣城（2025 年）、三明（2027 年）、共青城（2027 年）、吉安（2023 年）、抚州（2026 年）、济南（2025 年）、烟台（2017 年）、潍坊（2025 年）、长阳土家族自治县（2023 年）、长沙（2025 年）、株洲（2025 年）、湘潭（2028 年）、郴州（2027 年）、中山（2023—2025 年）、柳州（2026 年）、三亚（2025 年）、琼中黎族苗族自治县（2025 年）、成都（2025 年之前）、玉溪（2028 年）、普洱市思茅区（2025 年之前）、拉萨（2024 年）、安康（2028 年）、兰州（2025 年）、敦煌（2019 年）、西宁（2025 年）、银川（2025 年）、吴忠（2020 年）、吉昌（2025 年）、伊宁（2021 年）、和田（2025 年）、第一师阿拉尔（2025 年）

3.3.2　城市碳达峰研究

对于"碳达峰"的研究，已有部分研究基于中国各个部门的碳排放水平，预测国家碳达峰完成时间及水平。国内学者对于城市碳达峰的研究多从碳达峰趋势模拟、影响要素分析、达峰类型和优化策略等几个方面进行展开。

在碳达峰趋势方面，学者们主要从构建不同情景模拟模型的角度出发，研究多情景模式下不同城市或区域的碳达峰情况，并给出相应对策。目前主流的研究模型包括可拓展的随机性的环境影响评估（STIRPAT）模型、动态可计算的一般均衡（CGE）模型、长期能源替代规划系统（LEAP）模型、系统动力学（SD）模型、反向传播（BP）模型、对数平均迪氏指数法（LMDI）模型及环境库兹涅茨曲线模型等。有学者通过反向传播（BP）模型，对保定进行低速低碳、中速及高速高碳三种情景下的碳达峰时间及碳排放量进行了预测。岳书敬构建了 LMDI 因素分解模型，得出长三角城市群碳排放量在基准情景、低碳排和技术突破情景下分别将在 2029 年、2027 年和 2025 年达到峰值，并指出减碳排效应在技术突破情况下表现最好。张立等提出对于城市的碳达峰判断可以分为"历史的达峰判断"和"未来的达峰判断"。

影响城市二氧化碳排放的因素有很多，学者们通过分析计算不同指标与碳排放间的关系得出碳达峰的驱动因素，包括人均 GDP、能源消耗强度、人口数量、产业结构、能源结构和城镇化率等。王勇等通过建立门限–STIRPAT模型确定北上广等6个大城市的碳排放驱动因素，并预测不同情景下的碳达峰情况，发现人口、人均GDP和能源强度对城市碳排放具有正向影响。李伟等基于对中国336个城市的二氧化碳排放水平与城市发展的协调程度的定量分析，聚类划分城市碳排放类别，分别探讨了不同种类城市减排的关键影响因素。

在研究中国城市碳达峰类型时，郭芳等学者运用了蒙特卡罗方法和K均值聚类算法，将中国城市划分为五类：低碳潜力型城市、低碳示范型城市、人口流失型城市、资源依赖型城市和传统工业转型期城市。

在优化策略方面，这些研究多基于"双碳"目标，从不同部门层面讨论城市碳达峰驱动因素的优化方法和调整路径。蒋含颖等学者选择了我国36个典型大城市，通过分析它们的二氧化碳排放特征，构建了城市碳达峰判断模型，强调未达峰城市需从产业结构与能源结构出发实施减碳政策。另一方面，胡晓伟等学者采用系统动力学方法，基于城市交通系统构建了治理决策模型，为城市交通部门的碳达峰制定了相应的调控策略。

3.3.3　城市碳排放测算研究

在国家层面，中国按照《联合国气候变化框架公约》的要求，于2004年向缔约方大会提交了《中国气候变化初始国家信息通报》，该通报中包含了1994年的温室气体排放清单。随后，于2008年编制了国家温室气体清单。基于这一基础，2011年，国家发展和改革委员会在《IPCC国家温室气体清单指南》的指导下，建立了中国省级温室气体清单指南。该清单的范围主要涵盖能源活动、工业生产过程、农业活动、土地利用变化及林业及废弃物处理这五个方面。

其中化石燃料燃烧产生的二氧化碳排放量计算可以细化为公式（3–2），式中CE_{ij}指化石燃料类型i和行业j的二氧化碳排放量；AD_{ij}是活动数据，表示相应的化石燃料消耗量；NCV_i、CC_i和O_{ij}是排放因子，NCV_i为净热值，即燃烧每物理单位化石燃料产生的热值（J/t）；CC_i（碳含量）是由给定的化石燃料类型i产生的每单位净热值的二氧化碳排放量（t CO_2/J）；O_{ij}为氧化效率，指化石燃料燃烧时的氧化率（%）。

$$CE_{energy}= \sum_i \sum_j CE_{ij}= \sum_i \sum_j AD_{ij} \times NCV_i \times CC_i \times O_{ij} \qquad （3–2）$$

工业过程中产生的碳排放量计算则如公式（3–3）所示，式中AD_t是指工业过程t的生产量，EF_t是对应的排放因子。

$$CE_{process}= \sum_t CE_t= \sum_t AD_t \times EF_t \qquad （3–3）$$

近年来，国内学者在碳排放测算领域的研究逐渐成熟，采用不同的方法和研究角度对我国的碳排放量进行了估算，并深入分析了其驱动因素及机制。目前，国内使用最广泛的碳排放测算方法是IPCC提出的排放因子法。蒋金荷运用排放因子法对全国、各行业以及各省市区的碳排放量进行测算，并基于 Kaya 恒等式通过 LMDI 法将碳排放的影响因素分解为经济规模、结构效应、能源强度和碳强度，研究其在不同时期对碳排放量的影响。杨骞等基于 IPAT 模型分析了碳排放的因素，通过排放因子法估算了我国各省的碳排放总量，总结出我国碳排放的空间差异和结构。

国内学者对于碳排放测算的研究角度多样，大多从不同碳排放源的角度出发展开研究。刘菁等基于建筑视角通过投入产出模型测算了全产业链下的建筑碳排放，总结了建筑碳排放的宏观测量方法并分析了排放总量的结构。李健等基于区域交通视角通过排放因子法测算京津冀交通碳排放总量，并使用 LMDI 法分解交通碳排放的驱动因子，得出人均 GDP 和能源强度对交通碳排放有显著影响。丁凡琳等以城市居民生活能耗为切入点，采用排放因子法估算了 287 个地级市的居民直接能耗碳排放量并分析其影响因素，提出应以城市群为单位构建区域性碳排放联动机制。宋丽美等从农村人居环境视角出发，通过排放因子法对湖南农村人居环境碳排放和碳排放强度进行测算，并结合 STIRPAT 模型分解了主要碳排放源的驱动因素。

3.3.4 低碳城市规划研究

城市规划与城市各部门紧密联系，通过协调城市内各种生产和生活要素的合理配置，能够改善和影响城市的碳排放，从而在结构上实现碳减排的目标。因此，学者们将低碳城市与城市规划学科相结合，探讨有利于城市可持续发展的低碳城市规划体系。

国内对于低碳城市规划的研究始于 2008 年，当时主要是对国内外低碳城市规划经验进行梳理和总结，并对国内低碳城市规划发展的基础概念和理论进行研究，鲜有涉及量化分析研究。顾朝林等学者探讨了气候变化、碳排放与城市化的关系，并总结了国内外低碳城市规划的理论研究和行动计划。陈群元等学者基于我国国情，结合国外经验，提出了低碳城市规划的初步构想，包括降低和优化能源消耗结构、增加城市碳汇能力等方面。张泉等学者对国内外低碳城市理论研究和实践进行了总结与回顾，并提出低碳城市规划应注重城市形态、产业结构、能源发展、交通体系、土地利用结构等各方面要素，并初步探讨了低碳城市规划的理论基础和评价体系。

随着量化分析方法的引入，关于低碳城市规划对城市碳排放影响的实证研究逐渐增加，呈现出从定性研究向定量实证研究的转变趋势。学者们基于已有的碳排放核算清单与方法，从不同规划要素的角度出发，研究适用于低碳城市规划的碳排放核算清单，并对不同部门的碳排放进行测算和情景模拟。叶祖达等基于 Kaya 模型将城市规划能源需求模块分解为建筑、交通和工业三个部门，计算常规情景和低碳情境下各部门的碳排放和能源使用结构，并对二者进行对比分析，提出以碳审计、创新规划工具等方式减少碳排放的思路。姜洋等人基于城乡用地分类、传统碳排放部门划分和空间规划减排路径，构建了"土地利用—碳排放"框架，并建立了以"人地规模 + 人地碳排放强度 + 其余次级影响因子"为主导的碳排放核算指标体系。郑伯红等引入低碳城市的建筑、交通、产业和自然碳汇 4 个系统构建碳排放情景模型，模拟不同城市规划方案的碳排放情况，为低碳城市规划决策提供建议。闫凤英等基于城市用地建筑碳排放视角，利用 PCA–BP 神经网络建立规划用地的碳排放预测模型，为城市低碳规划提供了数据参考。郑德高等基于消费端碳排放核算，对不同尺度下六大维度的消费端碳排放进行结构分析与比较，提出构建减碳单元有助于建设紧凑高效的可持续城市。

随着研究的深入发展与细化，学者们细致地探讨了城市空间形态、城市结构、交通系统等低碳规划所涉及的要素对城市碳排放的内在作用机制。袁青等利用景观格局指数将城市空间形态进行量化，结合碳排放效率进行回归分析，得出长三角城镇空间形态的紧凑度、复杂度等指标会作用于交通碳排放，从而影响地区的碳排放效率，由此提出填充式开发、调整县域城镇空间结构的建议。秦波等通过总结得出城市空间结构对城市碳排放具有长期的结构性作用，科学的低碳规划有助于实现城市可持续发展。

在低碳城市规划编制体系和技术方法方面，学者们基于现有理论研究和城市规划现实状况，以低碳理念为指导思想，探讨了不同尺度下规划体系的减碳技术方法和编制思路，并开始以实际案例加以实践。潘海啸等认为城市空间结构对碳排放具有锁定作用，并从区域规划、城市总体规划和详细规划 3 个层面对规划编制方法和技术准则进行分析，从城市交通、用地、功能等方面提出规划编制建议。叶浩军等以广州为实践案例，从规划技术政策角度提出了城市空间结构优化、经济低碳发展与转型、低碳交通建设及碳汇能力提升等方面的低碳城市规划策略。张赫等针对"双碳"背景下县级国土空间规划的现状问题提出了差异化控碳思路，并构建了相应低碳技术方法体系。

3.3.5　城市空间形态与碳排放

国内关于城市空间形态对碳排放效应的研究主要分为 3 个方面。首先，宏观层面的研究主要讨论不同城市的空间形态对整个城市或区域碳排放的影响。有学者等通过面板数据建模量化分析城市形态与碳排放之间的关系，结果表明紧凑、多核发展的城市格局有助于碳减排。易艳春等通过居住区密度量化城市空间形态，发现居住密度在很大程度上影响了碳排放，紧凑的城市空间形态有助于低碳发展。舒心等通过分析长三角城市群碳排放重心转移及其与城市用地增长的关系，发现城市形态紧凑但功能布局及配置不合理会对减碳产生负面影响。有学者从多个视角出发分析得出城市形态的不规则性和复杂性与城市碳排放呈显著相关性。这些宏观尺度的研究多采用不同模型对城市空间形态进行量化，得出的结论是紧凑且合理的城市空间形态与功能布局有助于低碳发展，且"多中心"发展模式更有利于实现碳中和。

其次，在中观层面，研究聚焦城市空间形态对建筑、交通、产业等不同城市部门碳排放的影响。叶玉瑶等通过梳理城市空间结构对交通出行及碳排放的影响案例，认为采用绿楔式绿地系统分割交通走廊是低碳的城市空间形态。杨艳芳等通过 STIRPAT 模型、建筑生命周期理论分析了影响北京碳排放的因素，结果显示人口城市化、人均建筑居住面积等因素对碳排放量产生了极大的影响。还有学者通过地理加权回归模型分析了城市居住密度对交通碳排放的显著影响。这些中观尺度上的研究简化了研究对象，通过对城市形态与单一部门碳排放之间联系的研究，为相关部门碳中和技术路线的制定提供了更具体、更有针对性的建议和参考。

最后，在微观层面，研究者更关注城市空间形态对居民居住、出行、工作等生活方式产生的碳排放的影响。秦波等通过对北京居民出行等能源消耗行为的统计，确定了居民社区碳排放的核算方法，发现建筑密度、土地利用形态等因素显著影响居民行为的直接碳排放。马静等利用北京的一手调研数据，从微观个体行为的视角出发，对城市形态与个体出行碳排放的关系进行实证研究，指出构建低碳城市和引导低碳出行至关重要。秦波、戚斌等通过调研发现家庭收入与居住建筑碳排放呈曲线相关，人口密度则与居住建筑碳排放呈负向相关。这些微观层面的研究引入了人口、经济等其他控制变量，更全面地分析了城市形态对居民个体行为产生的碳排放的影响，有助于引导个体形成低碳意识，推动低碳城市的构建。

3.4 国内外研究启示

通过综合国内外有关碳达峰、碳排放和低碳城市规划的研究，可以明显看出城市碳排放与城市规划之间的密切联系。科学合理的低碳规划对实现"双碳"目标具有积极作用。在梳理了现有研究动态及文献之后，对本书的研究提供了以下启示：

关于城市碳达峰的研究，国内外主要选择经济相对发达或具有独特发展特点的城市或地区作为研究对象，全国范围内的研究结论尚待完善，而现有的城市碳达峰策略研究大多从宏观经济、政策或技术角度出发，较少与城市规划相结合，城市规划学科内部对城市碳达峰的研究具有巨大潜力。

在碳排放核算研究方面，国外主导的是 IPCC 提供的测算方式，而国内学者则在此基础上逐渐形成我国的碳排放核算清单。然而，国内的研究多集中在各个碳排放源头部门，缺乏统一的碳排放核算清单，方法创新大于理论创新。

在低碳城市规划研究方面，国内外学者已对碳排放与城市规划的关系进行了实证研究，解释了土地利用、空间形态、产业结构等规划要素对碳排放的内在影响机制。然而，现有研究主要关注特定类型规划要素与碳排放的关联，缺乏对城市碳排放整体系统和内部各要素间动态复合关系的深入研究，尤其对于不同低碳规划情景下的碳达峰趋势的量化与比较分析较为缺乏。

本书整合了国内外城市碳达峰及低碳空间规划的成果，采用低碳城市规划视角系统地研究大城市碳排放系统，梳理内部各子系统的关联，构建各要素的数量关系，并通过系统动力学方法建立城市碳排放模拟模型。通过对上海、北京、天津和重庆等4个城市的城市碳排放量进行模拟，在设定不同情景的比较研究中探讨有利于城市碳达峰的低碳城市发展模式。此外，本书还深入分析低碳城市规划对碳排放的影响机制，为实现碳达峰提出了低碳城市发展优化策略。

第4章 全球"碳达峰"国家特征研究

4.1 已达峰国家概况

据不完全统计，截至 2020 年，全球已有 52 个国家达到了碳排放的峰值，实现了"碳达峰"（表 4-1）。1990 年及以前，世界上已经有 18 个国家达到碳排放的峰值，这些国家包括德国、俄罗斯等。在 1991—2000 年期间，另有 14 个国家达到了碳排放的峰值，其中包括英国、瑞典、丹麦和法国等。加拿大、美国、葡萄牙等 16 个国家则在 2001—2010 年期间达到碳排放的峰值。另外，还有 4 个国家在 2011—2020 年期间实现了碳排放的峰值，其中包括日本和韩国等。中国、新加坡和墨西哥等大量国家承诺在 2030 年之前实现碳排放的峰值。届时，全球碳排放总量的 60% 左右将来自这些已达到碳达峰的国家，可以基本确保全球碳排放开始进入下降通道。

截至 2020 年已实现碳达峰国家 表 4-1

时间	已实现 / 承诺碳达峰国家
1990 年及以前	阿塞拜疆、白俄罗斯、爱沙尼亚、保加利亚、德国、格鲁吉亚、哈萨克斯坦、摩尔多瓦、挪威、俄罗斯、斯洛伐克、塔吉克斯坦、乌克兰、克罗地亚、拉脱维亚、塞尔维亚、捷克、罗马尼亚
1991—2000 年	比利时、波兰、英国、立陶宛、瑞典、丹麦、芬兰、荷兰、卢森堡、摩纳哥、瑞士、哥斯达黎加、黑山共和国、法国
2001—2010 年	澳大利亚、巴西、加拿大、塞普路斯、斯洛文尼亚、圣马力诺、意大利、葡萄牙、西班牙、美国、奥地利、希腊、爱尔兰、密克罗尼西亚、列支敦士登、冰岛
2011—2020 年	日本、韩国、马耳他、新西兰

1990 年及以前实现碳达峰的国家中有部分来自苏联和东欧，率先实现碳达峰的原因之一是由于过早出现经济衰退现象，此外部分欧洲国家则严格实行碳减排战略，发展低碳经济转型从而实现碳达峰。1991—2010 年是各国实现碳达峰的高峰时期，共有 30 个国家的碳排放量达到峰值。从地区分布来看，1991—2000 年碳达峰的 14 个国家里，除了哥斯达黎加以外，其余均是欧洲国家，其中大部分属于西欧和北欧；2001—2010 年期间实现碳达峰的 16 个国家中，大多数分布于北美、南欧、大洋洲及南美洲，其碳排放量最主要的来源国巴西和美国分别于 2004 年和 2007 年实现碳达峰；承诺在 2020 年前实现碳达峰的 4 个国家中，2 个亚洲国家日本、韩国已于 2013 年提前实现目标。

为了从更客观的角度总结各国的碳达峰特征，考虑到各国在国家规模和人口基数方面存在巨大差异，本书将选取的 24 个已实现碳达峰的国家细分为不同类型，并试图探索更具典型性的碳达峰指标特征和规律。这些国家包括澳大利亚、巴西、加拿大、爱尔兰、奥地利、比

中国城市"双碳"情景与路径

利时、丹麦、芬兰、荷兰、哥斯达黎加、冰岛、塞普路斯、日本、韩国、法国、英国、瑞典、意大利、西班牙、美国和斯洛文尼亚。本书收集了这些国家的人口规模、经济与城镇化发展水平、碳排放水平、产业结构变化趋势、能源消耗和环境方面的相关指标数据，并对它们各个方面的特征进行分析（表4-2）。通过分析发现，在碳达峰当年，这些国家的经济与城镇化发展水平相对较高，城镇化率平均为 75.63%，人均 GDP 平均值为 30006.723 美元；在碳排放水平方面，单位 GDP 碳排放平均值为 0.349kg/ 美元，人均碳排放平均值为 9.686t；在产业结构方面，这些国家普遍以第三产业为主导，农业和工业增加值的平均占比分别为 2.763% 和 25.4%；在能源消耗方面，GDP 单位能耗平均值为 10.051 美元 /kg，化石燃料能耗占比平均值高达 75.612%；而在生态环境方面，耕地面积占比平均值为 16.293%，森林面积占比平均值为 36.141%。

24 个已达峰国家相关指标描述性统计结果 表4-2

相关指标	城镇化率（%）	人均 GDP（美元）	单位 GDP 碳排放（kg/ 美元）	人均 CO$_2$ 排放量（t）	农业增加值占比 (%)	工业增加值占比（%）	GDP 单位能耗（美元 /kg）	化石燃料占比（%）	耕地面积占比（%）	森林面积占比（%）
最大值	96.851	56943.37	0.638	19.056	11.11	34.448	18.32	98.526	54.725	72.568
最小值	52.209	3637.314	0.157	1.297	1.052	17.897	3.241	13.167	1.247	0.416
平均值	75.63	30006.723	0.349	9.686	2.763	25.4	10.051	75.612	16.293	36.141
中位数	77.926	28935.391	0.317	9.305	2.201	25.593	9.979	83.654	14.813	31.895

4.2 已达峰国家特征分析

根据达峰时的不同人口规模，可以将 24 个已经达到碳达峰的国家分为四类（表4-3）。第一类国家人口规模较大，总人口超过 5 千万，其中包括美国、巴西、日本等 7 个国家；第二类国家人口规模中等，介于 1 千万 ~5 千万，如西班牙、加拿大、澳大利亚等 7 个国家；第三类国家人口规模较小，介于 5 百万 ~1 千万，包括瑞典、奥地利、瑞士等 5 个国家；第四类国家人口规模最小，小于 5 百万，如哥斯达黎加、爱尔兰、斯洛文尼亚等 5 个国家。我们可以通过对这四类国家的相关指标进行描述统计，比较各指标的中位数（表4-4），以发现不同人口规模的国家在碳达峰时的特征。

部分已达峰国家按人口规模分级

表 4-3

类别	国家	碳达峰年份	人口总数
一类 （人口≥5千万）	美国	2007	301231207
	巴西	2004	184006479
	日本	2013	127445000
	法国	1991	58559309
	意大利	2007	58438310
	英国	1991	57424897
	韩国	2013	50428893
二类 （1千万≤人口＜5千万）	西班牙	2007	45226803
	加拿大	2007	32889025
	澳大利亚	2006	20697900
	荷兰	1996	15530498
	希腊	2007	11048473
	葡萄牙	2005	10503330
	比利时	1996	10156637
三类 （5百万≤人口＜1千万）	瑞典	1993	8718561
	奥地利	2003	8121423
	瑞士	2000	7184250
	丹麦	1996	5263074
	芬兰	1994	5088333
四类 （人口＜5百万）	哥斯达黎加	1999	3885428
	爱尔兰	2001	3866243
	斯洛文尼亚	2008	2021316
	塞浦路斯	2008	1081568
	冰岛	2008	317414

不同人口规模国家相关指标中位数

表 4-4

中位数 指标	城镇化率 （%）	当年人 均GDP （美元）	单位GDP 碳排放 （kg/美元）	人均CO_2 排放量 （t）	农业增加 值占比 （%）	工业增加 值占比 （%）	GDP单位 能耗 （美元/kg）	化石燃 料占比 （%）	耕地面 积占比 （%）	森林面 积占比 （%）
一类	80.269	27182.7	0.346	9.894	1.896	24.307	8.384	85.615	17.658	33.526
二类	77.74	29006.8	0.439	11.199	2.508	25.644	8.114	84.122	19.915	29.568
三类	80.688	32294	0.312	9.168	2.793	25.542	10.554	56.885	10.343	46.569
四类	59.399	28282.4	0.291	7.767	2.093	25.733	12.301	69.507	8.918	18.679

中国城市"双碳"情景与路径

（1）经济与城镇化发展水平

人口规模最大的第一类国家和人口规模较小的第三类国家，城镇化率的中位数超过80%，人均GDP分别为27182.7美元和32294美元（图4-1）。中等人口规模的第二类国家城镇化率的中位数为77.74%，人均GDP为29006.8美元。人口规模最小的第四类国家城镇化率稍低，约为60%，人均GDP达到28282.4美元。除了巴西和哥斯达黎加是发展中国家外，其余国家均为发达国家，经济和社会水平较高。在实现碳达峰时，各国的城镇化水平普遍较高，城镇化已经达到较完善的阶段，人口规模最小的国家的城镇化率明显低于其他国家。从人均GDP来看，除巴西外，21世纪后实现碳达峰的国家普遍达到了30000美元以上，美国、加拿大、冰岛甚至超过50000美元，而20世纪实现碳达峰的国家除哥斯达黎加外均保持在20000美元左右（图4-2）。

碳达峰时城镇化率和人均GDP的差异性说明，城镇化率越高碳排放量增速越趋于稳定，代表国家城镇化进入尾声阶段，社会发展水平越完善，高速建设产生的碳排放越少，越有利于

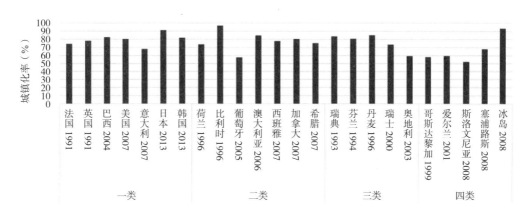

图4-1 已达峰国家城镇化率

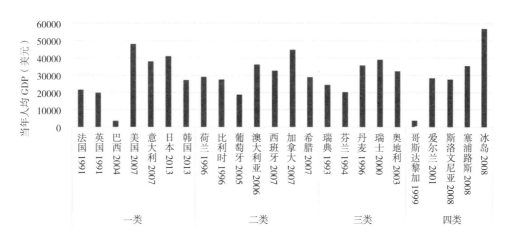

图4-2 碳达峰当年人均GDP

加快碳达峰的实现，并且人口规模越大的国家，城镇化率对于碳达峰进程的推进作用越大；人均 GDP 越高代表国家经济发展水平高，对碳达峰有积极的影响，但碳达峰时间与人均 GDP 并不一定存在对应关系。通常而言对于发达程度类似的经济体来说，达峰时间越晚，经济水平越高，因此并不是达到人均 GDP 某个固定值就一定能碳达峰，还需结合时代经济背景与环境作判断。

中国 2021 年的城镇化率为 62.512%，仍处于城镇化高速发展的阶段，城市需要大量基础设施建设，与已达峰国家仍有较大差距。我国 2021 年人均 GDP 为 12556.33 美元，与已达峰国家也相差甚远，如何在高质量发展经济与社会水平的同时降低碳排放是中国迈向碳达峰的进程中必须面对的严峻考验。中国的城镇化还需要继续推进，城镇化率至少应提高至 70%，人均 GDP 需要增加至现在的 2~3 倍，这意味着仍需推动经济和产业的快速发展，同时需要兼顾碳减排问题，这势必要通过科学的研究来解决这一矛盾。

（2）碳排放水平

根据中位数水平，人口规模较大的国家单位 GDP 碳排放量比人口较少的国家大。在人口规模中等的二类国家中，单位 GDP 碳排放量最高，达到 0.439kg/ 美元，其人均碳排放量也最高，达到 11.199t。人口规模最大的一类国家和较小的三类国家次之，其单位 GDP 碳排放量超过了 0.3kg/ 美元，人均碳排放量超过了 9t。人口最少的四类国家碳排放强度最低，单位 GDP 碳排放量仅为 0.291kg/ 美元，其人均碳排放量为 7.767t。以典型发展中国家巴西和发达国家西班牙、法国、英国、意大利、日本和韩国为例，单位 GDP 碳排放量在碳达峰后逐渐降低，人均碳排放量的达峰时间稍早于碳达峰时间（图 4-3、图 4-4）。这与国家的经济增速和人口增速密切相关，表明碳达峰时国家的 GDP 增速水平较以前持续下降，且人口水平达到了中低速稳定发

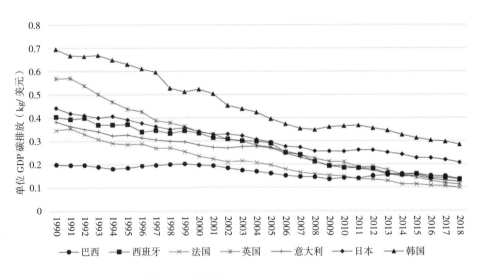

图 4-3　典型已碳达峰国家单位 GDP 碳排放

　中国城市"双碳"情景与路径

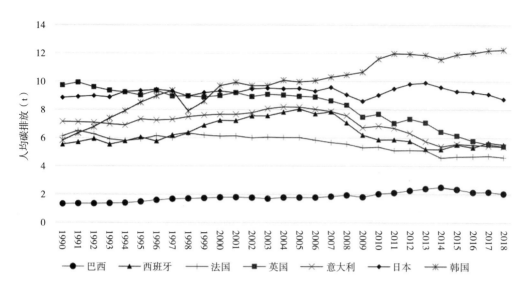

图 4-4　典型已碳达峰国家人均碳排放

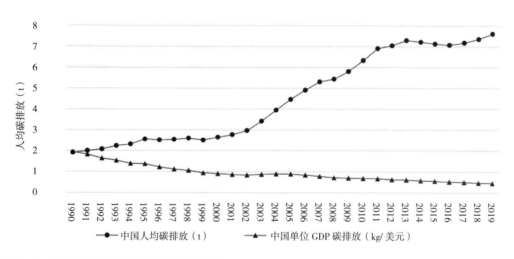

图 4-5　中国人均碳排放和单位 GDP 碳排放

展阶段。

根据图 4-5，截至 2019 年，中国单位 GDP 碳排放量为 0.457kg/ 美元，下降趋势逐渐趋于稳定；人均碳排放量为 7.606t，尚未显示出明确的达峰拐点，应尽快探索有利于碳达峰的经济、社会、产业能源结构等方面的政策模式。

（3）产业结构变化趋势

四类不同人口规模国家在实现碳达峰时普遍已步入"后工业化时期"，农业在三次产业结构中的占比极低，工业占比中等，服务业占比最高，均达到 50% 以上。从产业结构变化趋

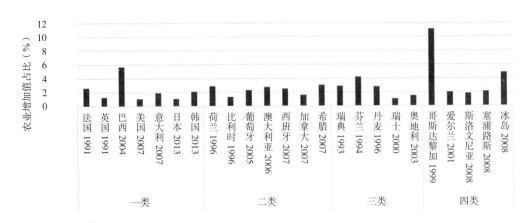

图 4-6　已碳达峰国家农业增加值占比

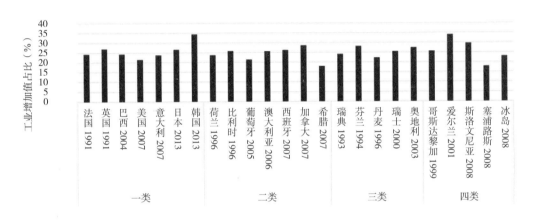

图 4-7　已碳达峰国家工业增加值占比

势中位数来看，人口规模最大的一类国家农业增加值在 GDP 中所占比重最小，仅为 1.896%，工业增加值比重最小为 24.307%，而其余三类国家的农业和工业增加值比重均超过 2% 和 25%（图 4-6、图 4-7）。总体来说，所有国家都呈现出农业和工业增加值比重逐年减少、服务业增加值比重逐渐增加的趋势。在碳排放达到峰值时，大多数国家的产业结构已经调整到较为稳定的阶段，实现了从重工业到现代服务业的转型，并在达峰后仍保持这种趋势下产业结构的小幅波动。

　　产业结构的共同趋势显示，以服务业为主导的稳定产业结构有助于实现碳达峰，所有已经实现碳达峰的国家都展现出这一趋势。根据数据，中国 2021 年的农业和工业增加值占比分别为 7.265% 和 39.426%。与已经实现碳达峰的国家相比，农业和工业产值比例仍太高，目前处于产业转型的中期阶段。在未来，中国还需要努力将粗放型产业转变为集约型产业，即从"高投入、高消耗、低效益、低质量"向"低投入、低消耗、高效益、高质量"转变。同时要将

　　　　　　　　　　　　　　　　　　　　　　　　中国城市"双碳"情景与路径

产业结构向服务业为主导的结构靠近，这是碳达峰国家的普遍规律。

（4）能源消耗

GDP 单位能源消耗是 GDP 总量与能源消耗总量的比值。根据总体特征来看，人口规模较小的国家的 GDP 单位能源消耗较高。其中一、二类人口规模较大的国家，GDP 单位能源消耗达到 8 美元 /kg 以上，而人口规模较小的三类国家则达到了 10 美元 /kg 以上。人口最少的三类国家的 GDP 单位能源消耗最高为 12.301 美元 /kg（图 4-8）。一、二类国家的化石燃料能耗占比超过了 84%，高于人口较少的三、四类国家。瑞典、芬兰、瑞士、冰岛等的化石燃料能耗占比较低，均低于 60%。近十年来，各国化石燃料消耗占比呈现出不同程度的下降趋势（图 4-9）。

GDP 单位能源消耗直接反映了国家经济发展对能源的依赖程度。这表明已达峰国家对能

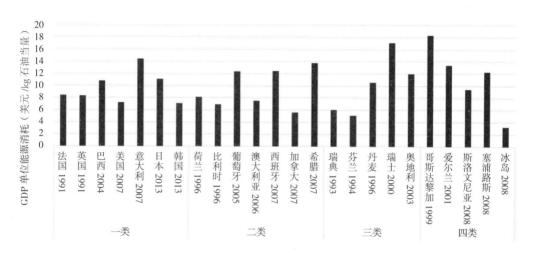

图 4-8　已碳达峰国家单位 GDP 能源消耗

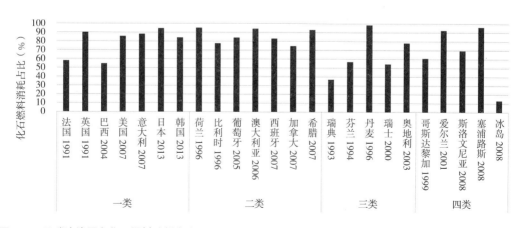

图 4-9　已碳达峰国家化石燃料消耗占比

源的依赖程度较高，能源利用效率较高。同时，从数据来看，不同的人口规模对于 GDP 单位能源消耗也有一定影响。此外，GDP 单位能源消耗还能间接反映出国家的产业结构、技术设备、节能措施的成效等情况。因此，虽然提高 GDP 单位能源消耗有助于加快碳达峰进程，但并非达到某一阈值就能实现碳达峰，还需要结合经济、产业等方面的实际情况进行分析。化石燃料能耗占比能够体现国家或地区一次能源的消费结构，已达峰国家的化石燃料消耗占比较高，平均值在 79%，体现出了达峰时的真实状态。目前煤炭、石油和天然气等化石能源在全球能源消费结构中仍然占主导地位，因此积极推动能源结构转型，逐步降低化石燃料的占比，大力发展可再生能源，也是全球各国的重要任务。

中国目前的 GDP 单位能源消耗量约为 6 美元 /kg，与已达峰国家存在一定差距，说明中国对于能源消耗的产出效率还没达到很高的状态，需要提高能源利用效率。同时，中国的化石燃料能耗占比超过 80%，并与已达峰国家的差异不明显。在当前能源供应危机和全球能源结构快速转型的背景下，如何寻求一条低碳可持续的能源转型升级道路，并有效提高能源利用效率，是实现"双碳"目标所亟待解决的问题。

（5）生态环境

从以耕地面积和森林面积占比为基础的中位数数据来看，人口规模似乎对耕地与森林面积占比并没有显著的影响（图 4-10）。具体来说，已达峰国家的耕地面积占比为 17%~20%，占比最小的为澳大利亚，只有 3.15%，而最大的为丹麦，高达 54.73%。对于森林面积占比来说，各国的中位数在 18%~47%，占比最小的为冰岛，仅 0.42%，而最大的为芬兰，高达 72.57%。因此，耕地与森林面积更多与国家所处的地理位置、经济发展阶段和产业结构相关。此外，

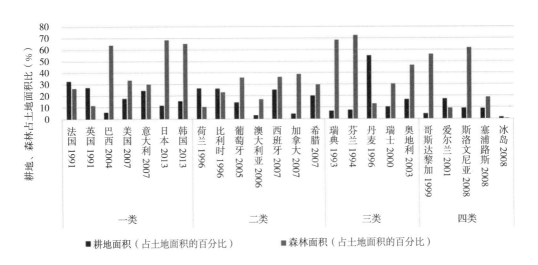

图 4-10　已碳达峰国家耕地、森林占土地面积比

这些数据也在一定程度上反映了国家或地区的生态环境的好坏，因为良好的生态环境有助于增加碳汇，以平衡碳排放。

以中国为例，目前的耕地面积占比约为12.7%，森林面积占比约为23.4%。为了保护耕地，我国严格控制非耕地对耕地的占用，并实行占用耕地补偿制度。此外，中国也实施了《中华人民共和国森林法》等政策法规来约束建设活动对生态环境的破坏。

4.3 碳达峰国家基本特征总结

通过对已达峰国家的基础数据研究，可以发现这些国家存在某些共同的特征。在经济和城镇化发展方面，已实现碳达峰的国家的经济水平通常在同类型国家中排名靠前。同时，国家实现碳达峰的年份越晚，人均GDP也越高。而值得注意的是，在达到碳达峰后，各国的经济增长速度通常会出现放缓的趋势，这通常是因为在实现碳达峰时，各国普遍已进入工业化后期，而城镇化率也超过70%，大型基础设施建设和固定资产投资普遍已经放缓。

在碳排放特征方面，单位GDP的碳排放在达到碳达峰后呈现逐渐降低的趋势，但不同的是，人均碳排放的达峰时间略早于整体碳达峰时间。这从侧面反映了碳达峰时国家的GDP增速较之前呈现出下降的趋势，同时人口的增长也进入了中低速稳定发展阶段。

在产业结构变化方面，各国实现碳达峰时通常已步入后工业化时期。农业在三次产业结构中的占比非常低，而工业占比中等，服务业占比最高，都超过50%。碳达峰前农业和工业增加值的占比逐年减少，而服务业增加值的占比逐渐增加。各国实现碳达峰时的产业结构已经实现了从重工业到现代服务业的转型和升级，并已保持了稳定状态。稳定的产业结构以高端制造业和现代服务业为主导，有助于早日实现碳达峰。

在能源消耗特征方面，已达峰国家表现出高度一致性。其中，GDP单位能源消耗平均值位于9~11美元/kg，能源结构上化石燃料占比最大，平均达到79%。在碳达峰之前，GDP单位能源消耗和化石燃料占比不断增加。一旦达到碳达峰，能源效率会继续提升，化石燃料占比逐渐下降，国家开始减少使用传统化石能源，增加使用天然气等碳排放强度低的能源，并推动以清洁能源为主导的低碳可持续能源体系的发展。

在生态环境方面，森林和耕地面积与碳达峰并没有明显的关联。然而，在政策的约束下，国家越来越注重对耕地和森林的保护。这是因为增加自然碳汇进行碳循环和碳封存，更有利于实现近零排放。因此，保护和重建自然生态对于实现低碳发展至关重要。

对于已达峰国家的数据分析和研究，将有助于中国碳达峰的准备，并能更为准确地判断国家进入碳达峰的时间节点和发展状态。目前，中国在经济、城镇化发展、产业结构、能源结构、生态等方面与已达峰国家存在一定差距。在经济和城镇化方面，需要继续推进城镇化进程，提高城镇化率，积极推动经济和产业发展，提高人均 GDP 水平；在产业结构方面，应不断提高现代服务业的比重，使产业结构趋向服务化为主；在能源结构方面，应加快实施低碳可持续的能源结构转型，并有效提高能源利用效率，使能源消耗所产生的效益最大化；在生态方面，需要重视保护和建设生态环境，扩大生态空间规模并提高其质量，逐渐增强城市的碳汇能力。

第 5 章　全球典型国家低碳发展举措与特点

为应对气候变化对全球所产生的影响，全球各国政府从各方面制定了低碳政策与计划（图 5-1），主要分为加强对气候变化的风险评估与管理政策、低碳经济政策、低碳能源政策、低碳建筑行动及相关低碳法律法规等。本章节将对部分已经实现"碳达峰"的国家进行系统的介绍，以获取这些国家在实现"碳达峰"、走向"碳中和"过程中的经验，为中国提供借鉴（图 5-1）。

图 5-1　国外相关可持续发展报告

5.1　德国——健全的能源法规体系

5.1.1　能源法规体系

德国在应对气候变化问题上一直走在全球前列，其早在 1990 年就已实现碳达峰，是欧盟国家中最为注重能源利用效率的国家之一，在节能减排和新能源的开发与利用方面为全球树立了良好的标杆。德国高度重视能源相关政策，目前已经拥有较为完善的能源法律体系，为能源的高效利用提供了坚实的依据和保障。

根据不同能源类别，德国建立了专门的能源立法体系，包括煤炭、石油、天然气、可再生能源和节约能源等法案。其中以《能源经济法》（Energiewirtschaftsgesetz，EnWG）为基本法，对电力及天然气市场作出相关规定。可再生能源的发展是德国能源政策的核心之一，1991 年，德国颁布的《可再生能源发电向电网供电法》（Strom-einspeisungs-gesetz，StrEG），是世界

中国城市"双碳"情景与路径

上第一个提出绿色电力上网电价方案的法案。该法案规定公共电力公司必须以固定电价优先购买可再生能源电力，并将其纳入整体电网。这一政策极大地推动了德国以风力发电为代表的可再生能源的发展。2000年，德国颁布了《可再生能源法》（Emeuerbare-Energien-Gesetzes，EEG），后来进行了多次修订。2014年修订版制定了"扩张路径"的方法，总体上设定了德国未来可再生能源扩展的规模目标。2017年修订版进一步设定了各类新能源的装机容量扩张的详细目标值。根据不同时期德国在国家战略层面对能源结构发展的需求，《可再生能源法》不断调整目标，推动了国家能源结构的转型与发展。2021修订版则计划在2030年将可再生能源比例提高至65%，到2050年，实现德国境内电力供应和消费碳中和（图5-2）。另外，德国在2010年发布的《能源方案2050》中提出，到2050年必须实现100%可再生能源供电。此外，德国政府在2011年的《第六能源研究计划》中规定了未来几年在创新能源技术领域资助政策的基本原则和优先事项，提出在2011年至2014年期间，德国政府为该研究计划拨款34亿欧元。

Die Gesetze der Bundesrepublik Deutschland

EEG 2021
Erneuerbare-Energien-Gesetz

1. Auflage 2021
Stand: 09. Dezember 2021

G. Recht (Herausgeber)

图 5-2   《可再生能源法》2021 修订版

为了积极转变能源结构，德国于2019年发布了退煤路线图，详细阐述逐步淘汰煤炭的策略。该计划包含以下几项措施：支持传统采矿区的转型，使电力系统更加现代化，减轻受影响者的困难以及监测和调整措施。目标是在2022年关闭全国四分之一的煤电厂，并在2038年全面停止燃煤发电。基于这个目标，继续在2020年通过了《逐步淘汰煤电法案》和《矿区结构调整法案》，规定最迟在2038年前逐步淘汰煤电，并为煤电退出时间表、电力供应安全、就业安置、关联产业转型、社会保障等问题制定了详细规划。

2023年，德国通过了《能源效率法》草案，旨在促进能源效率提高并大幅减少能源消耗。草案规定至2030年实现11.7%的能源节省目标，即每年节省约1.5%的能源。到2030年，总能耗相对2008年减少550MW·h，即下降26.5%。从2024年开始，德国联邦政府和各州政府将采取进一步的节能措施，以确保每年节能量达标。草案中还规定，所有年耗能大于15GW·h的公司必须引入能源和环境管理系统，并制定和实施公开透明的节能措施。德国明确的能源法律体系是实现碳中和时代最坚实的基础和保障。这使德国能够有序地提高能源利用效率并逐步实现能源转型，成为国际社会的榜样。

德国具有完备的能源监督管理体制，由联邦经济与技术部（BMWi）主管，各分管部门之间互相协作，完成职权范围内的能源事务，这也成为德国能源体系平稳发展的重要基石。《可再生能源法》中规定联邦环境、自然保护和核安全部（BMU）负责监督管理可再生能源市场的开发以及相关技术研发，同时与联邦农业、粮食、林业以及经济与技术部互相协调合作；建筑节能方面则由联邦经济与技术部协调运输、建筑与城市事务部一起负责；生物相关（如转基因等事务）则由联邦食品、农业和消费者保护部负责；联邦财政部与相关机构协调主管能源相关的税收问题。较为完备的能源法律体系和监管机制相辅相成，共同加速了德国的能源转型与提升。

5.1.2　低碳建筑

德国在20世纪70年代早期就开始重视建筑节能，并在30多年前就开始发展低碳建筑。1973年的石油危机敲响了德国在能源保护和节约方面的警钟，随后在1976年，德国颁布了《建筑物节能法》，该法律要求新建筑必须考虑节能措施，并对供暖、通风、照明和供水设备的安装和使用提出了相关的节能要求。紧接着于1977年颁布的《建筑物保温条例》是德国第一部关于建筑物节能和保温的主要法规，该条例对建筑物的围护结构，如墙体和窗户的最大热传递系数进行了规定，并对新老建筑的节能标准进行了更为详细的规定。随后德国又相继颁布了《供暖设备条例》等相关法规，并对这些法规中的节能标准进行了多次修改和提升。2002年，《节约能源条例》取代了之前的《建筑物保温条例》和《供暖设备条例》，进一步提高了对建筑物节能的要求，严格限制了建筑物内部的供水和供热，并鼓励增加对可再生能源的开发和利用。根据《节约能源条例》，如果超过70%的总能耗来自热电联产电厂，则取消对总能耗的限制，并对新建和现有建筑在节能和墙体热传导等方面提出了要求。2010年，欧盟提出到2020年，所有新建筑必须达到近零能耗水平，到2050年，现有建筑必须实现近零能耗。为了响应欧盟的呼吁，德国于2020年开始执行新的《建筑能源法》，该法案规定近零能耗建筑的供热、制冷等能耗必须低于标准建筑能耗的75%。2023年，德国对《建筑能源法》进行了第二次修订，逐步推动供热行业的去碳化进程。根据修订后的法规，从2024年起，在德国联邦管辖区内安装和使用新的供暖设备时，必须使用比例高于65%的可再生能源，并为自愿更换可再生能源供暖系统的公众提供30%~70%的经济补贴，补贴力度进一步增加。

德国通过强制性措施和自主评价相结合的方式，有效地深入推进了低碳建筑的发展。强制性的低碳建筑规章制度包括建筑能源证书制度、既有建筑改造制度等，分别规定了新建筑在进行审批、节能改造或买卖租赁的过程中必须具备合格的建筑能耗证书，以及通过相关建筑节能标准及时淘汰落后的设备来推动建筑减排。同时德国也通过自主评价的方式引导社会公众认同并积极参与到低碳建筑的建设中去。德国的非政府组织制定了非强制性的可持续建筑评价标准以供企业与大众进行自主评估，将建筑的全生命周期纳入评价范围内，贯彻了节能减排与可持续发展的低碳理念。德国的复兴银行为此提供了相应的补贴，提出一系列贷款优惠政策，并对改造中 20% 的人力成本提供一定程度的税收减免。这些措施潜移默化地在公众心中树立了低碳意识。

5.1.3　环境保护

自 20 世纪 70 年代起，德国政府采取了一系列环境保护政策措施。在 1971—1984 年期间，德国相继推出了《废弃物处理法》（Waste Disposal Act）、《联邦污染防治法》（Federal Pollution Prevention Act）等法律，这些法律旨在扩大政府在环境政策领域的权力覆盖。此后，德国成立了环境问题专家委员会（Advisory Council for Environmental Issues）和联邦环境基金会（DBU），并于 1984 年建立了环境报告体制，以逐步完善覆盖全国各州的环境信息报告制度。根据规定，联邦环境局每两年发布一份国家环境信息报告，各州政府也会定期发布环境信息报告。1986 年，德国设立了联邦环境、自然保护和核安全部，1993 年又成立了联邦自然保护局。2001 年，德国政府设立了可持续发展理事会，并于次年发布了名为"德国愿景"的国家可持续发展战略，其中制定了生态、社会和经济等领域的可持续发展目标。在制定节能减排法律法规方面，德国以预防原则、污染者付费原则和合作原则为基础，并根据这些原则，相继制定了一系列环境保护方面的法律法规，包括 1995 年的《排放控制法》（Federal Emission Control Act）、1996 年的《循环经济与废弃物法》（Circular Economy and Waste Act）、2005 年的《联邦控制大气排放条例》（Federal Air Emissions Control Regulations）和《电器设备法案》（Electrical Equipment Act）等。这些法律法规的出台旨在推动德国能源供应可持续发展，降低国民经济中的能源供应成本，并保护气候、自然和环境。

为了减少交通产生的碳排放，德国政府积极推动新能源汽车的发展。2009 年发布的《国家电动汽车发展计划》明确提出了通过使用电动汽车来减少交通领域碳排放的目标，并确定了相关责权部门，包括经济和能源部、数字化和交通部、教育及研究部和环境、自然保护和核安全部 4 个部门。该计划将电动汽车定位为国家战略性产业，致力于增强德国在电动汽车领域的国际竞争力，推动德国成为电动汽车领先市场，实现能源和环境政策目标。该计划确定了纯电动车技术路线和政府支持的科研领域，并提出到 2020 年和 2030 年，电动车数量分别达到 100 万辆和 500 万辆；到 2050 年，城市交通将不再使用化石燃料。2017 年开始实施的《清洁空气计划（2017—2020 年）》提出了通过资助城市电动交通、数字化交通系统和柴油公交车改造等措施来改善城市空气质量，并投入 10 亿欧元用于柴油车尾气处理系统和各领域电动化的加速。

2019 年德国颁布《气候保护法》（Climate Protection Act），计划于 2050 年实现碳中和，并制定了能源、工业、建筑等各部门 2020—2030 年间的年度碳减排目标。2021 年再度修订了《气候保护法》，计划到 2030 年，德国应实现温室气体排放总量较 1990 年水平减少 65%，高于原先设定的 55%。与此同时，德国需在 2045 年实现碳中和，即温室气体净零排放，比原计划提前 5 年。德国通过不断出台环境保护相关法案及政策，切实地在各个领域推进应对气候变化问题各项举措的落实，为环境保护与节能可持续发展提供了坚实的政策保障和优渥的生长土壤，极大地推动了德国的碳中和事业前进。

5.2 英国——可持续的低碳经济

5.2.1 低碳经济

英国是世界上最早工业化的国家之一，并且在早期工业化阶段经历了高能耗、高碳排放和高污染的爆炸式经济增长模式。这种模式对英国内部的煤炭和天然气等能源资源造成了巨大耗损，因此推动经济转型在后期成为一项迫切的需求，以确保国家的可持续发展。英国一直以来在应对气候变化和环境保护领域的重点是发展"低碳经济"。

从 1977 年开始，英国提出了绿色保险制度（Green Insurance System），并相继推出了碳基金、碳信托、绿色债券和绿色信贷等制度，并征收了气候变化税。英国还成立了国际气候基金和

图 5-3 《我们能源的未来：创建低碳经济》封面

绿色银行，并在欧盟碳排放交易系统的框架下建立了自身的碳排放交易系统，使得绿色金融的内容和配套机制得到不断丰富和完善。自从联合国气候变化框架公约《京都议定书》发布后，英国进一步推动"低碳经济"发展，并将其提升到了国家战略的层面。2003 年，英国政府在《我们能源的未来：创建低碳经济》（Our Energy Future：Creating a Low Carbon Economy）（图 5-3）中首次提出了"低碳经济社会"的概念，并制定了明确的减碳目标：计划到 2010 年将二氧化碳排放量在 1990 年的基础上减少 20%，到 2050 年减少 60%，最终在 2050 年建立低碳经济社会。

2006 年，英国政府发布了《气候变化的经济学：斯特恩报告》（The Economics of Climate Change：The Stern Review），详细评估了气候变化对经济的影响，探讨了稳定大气中温室气体的经济意义。报告指出，如果没有全球协调一致的应对行动，气候变化将对经济造成至少相当于全球 GDP5% 甚至可能高达 20% 的巨大损失。这份报告进一步强调了英国政府在推动低碳经济发展方面的决心和紧迫性。随后的 2007 年，英国颁布了《气候变化法案》，设立了气候变化委员会，负责监督和评估英国在应对气候变化方面的进展，并提供相关建议。

英国为确保达到减排目标持续进行独立评估，要求政府每五年编制一份气候变化风险评估报告，通过制定具有法律约束力的"碳预算"，到 2050 年分阶段实现"碳中和"。2009年，英国发布了《英国低碳转型计划》和《英国低碳工业战略》，承诺在 2020 年将碳排放量在 1990 年基础上减少 26%~34%，并计划到 2050 年减少 60%。这些目标还包括创造 230 万个绿色工作岗位，40% 的电力来自于低碳能源，小型汽车的平均碳排放减少 40% 等。2014 年，英国发布了《能源节约计划》，要求大型企业每四年对能源使用和能源效率进行强制性评估。此外，英国政府还通过地方开展碳框架试点来推进气候变化行动，在专业机构的指导下制定低碳目标和方法。2019 年，英国推出了绿色金融战略，并强调了金融对绿色发展的重要性，制定了宏观层面的绿色金融发展目标和路线图，为实现金融绿色化转型提供了指导。同时，英国还成为世界上第一个为低碳经济立法的国家，先后发布了《英国气候变化战略框架》《能源白皮书》《废弃物战略》等计划，从行动的原因、解决气候变化问题的机遇与障碍、全球低碳经济展望以及国内和国际层面等方面阐述了英国应对气候变化所需采取的行动。通过推动这些政策和措施，英国在向低碳经济转型方面取得了显著进展。据统计，到 2020 年，英国的碳排放强度已经比 1990 年降低了 31%，超过了最初设定的降低 26% 的目标。

5.2.2 多方参与

英国十分重视碳减排，是全球较早用法律来约束碳排放行为的国家之一，政府为了推动减排进程，制定了重工业碳排放的相关政策，对低碳排的技术革新提供强有力的支持，同时也大力宣传低碳生活理念以树立居民正确的节能环保观念。英国政府的不同部门针对能源政策统一协作，制定了各自的碳排放目标，并成立了相关机构，如英国电力协会服务有限公司。通过机构广泛参与商业信息服务活动，获取一手资源和数据进行进一步研究，从而对电力行业的政策制定提供帮助。英国的能源与气候变化部门则主要在技术创新过程中负责对需要测试的数据进行不断地评估和分析。能源技术研究中心、英国国家可再生能源中心等能源机构则主攻低碳能源技术的研究，致力于产生可持续、清洁、安全的能源。

除此之外，英国会对工商业的节能政策进行评估，强调本土工商业必须在低碳的水平下保持自己的市场竞争力，同时政府也会实施鼓励政策来激励工商业低碳化，如对多数非本国能源供应者原本会收取相应费用，但如果其选择使用可再生能源，就能够享受免除税收的优惠。

5.2.3 低碳城市规划

英国在低碳城市规划方面也一直处于全球领先地位，并通过积极实践以尽快实现国家向低碳转型。为此，英国政府成立了碳信托基金会，旨在联合企业和公共部门共同发展低碳技术。碳信托基金会与能源节约基金会合作推动了英国的低碳城市项目。该项目第一批共有3个示范城市，分别是布里斯托、利兹和曼彻斯特，它们在低碳城市项目提供的专家技术指导下制定了各自的低碳城市规划。此外，伦敦也针对气候变化的问题制定了一系列低碳行动计划。英国碳信托基金会还与143个地方政府合作提出了地方政府碳管理计划，旨在控制并减少政府部门以及基础设施所产生的碳排放。

英国实现低碳城市的关键方法包括推动可再生能源的研发和利用、提高能源使用效率以及通过消费端控制能源需求。布里斯托市在2004年制定的《气候保护与可持续能源战略行动计划》中指出，减少碳排放的重点在于更好地利用能源、减少不必要的能源使用、提高能源效率，并扩大可再生能源的应用规模。英国的低碳城市规划注重结合战略性和实用性，旨在获得公众的支持。在制定可量化的碳减排目标和基本战略时，更倾向于选择具有实用性的实现途径。例如，《伦敦应对气候变化行动计划》提到，存量建筑的碳排放占伦敦总碳排放的40%，是最主要的碳排放部门。如果有2/3的伦敦居民家庭使用节能灯泡，每年就能减少57.5万t二氧化碳排放；如果所有人都使用节能炉具，这个数字能再减少62万t。这些实用的方法为实现低碳城市提供了明确的方向和行动计划。

在不断进行技术创新和发明新的低碳产品的同时，英国逐渐建立了鼓励公众低碳消费的城市规划、管理和政策体系。政府在低碳城市建设中发挥了引导和示范的作用，通过财政激励、宣传推广、规划建设等多种方式吸引企业、市民等参与其中，根据各地实际情况，通过重点项目来推动低碳城市的建设和发展。

5.3 丹麦——国家导向的绿色能源

5.3.1 海上风电大国

丹麦是欧盟成员国，拥有550万人口和约4.3万km²的国土面积。丹麦一直关注能源利用效率，并在英国提出"低碳经济"概念之前，就将节能和提高能源利用效率作为国家目标，走上了低碳之路。20 世纪 70 年代初，丹麦 90% 的石油依赖进口，这给能源安全带来了巨大风险。1973 年石油危机之后，丹麦政府意识到能源安全的重要性，并将其提升至国家经济发展的特殊地位。政府采取了一系列措施来解决能源安全和供给问题。1976 年，丹麦成立了能源署，这是一个专门负责制定国家能源发展战略、组织实施和进行监督的主管机构。起初，能源署主要关注能源安全问题，但后来其职能逐渐扩展，涵盖了丹麦境内的能源生产、供应、分销以及各种节能活动，为绿色新能源发展和碳减排发挥了重要作用。在石油危机之后，丹麦政府开始大力推进以风能为代表的可再生能源的发展。1976 年，丹麦技术科学研究院的报告中提出了未来 5 年风能的发展计划，大力推动风能发展，并计划私人风机数量达到 6 万台。从 20 世纪 70 年代中期到 90 年代中期，丹麦的风能战略得到了快速发展，主要成就包括政府制定能源总体计划目标、对风能研究提供支持、通过国家测试认证风力涡轮机、对风力资源进行调查和补助、支持相关关税条例和提供财政补贴等。早在 1978 年丹麦政府就明确了风力涡轮机归属于当地居民组成的合作社，居民和企业在合作中都能获得利益，这大大推动了风力涡轮机的发展和普及。

从 20 世纪 90 年代开始，丹麦便开始关注气候变化问题，并将可持续能源发展和碳减排纳入了其能源政策考虑范畴。在 1990 年和 1996 年的两个能源计划中，明确提出了优先发展可再生能源和基于可再生能源的电力供应，而其中风力发电扮演了重要角色。根据计划，到 2005 年，全国风力发电机的装机容量将达到 1500MW，到 2030 年将达到 5500MW，分别占到丹麦电力消费的 10% 和 50%，其中海上风力发电将在 2030 年达到 4000MW。然而，事实上，丹麦在 2001 年底就已经达到了 2400MW 的风力发电机装机容量，占到了丹麦电力总量的 13%，大大超过了 2005 年的目标。由于陆上风电场址所需土地资源有限，而浅海水域则拥有丰富的风力资源，因此丹麦大力开发海上风电。1995 年，丹麦成立了海上风电空间规划委员会，由能源署领导，并负责自然环境、海洋与航海安全、海洋资源开发、视觉规划以及电网接入设计。在 2007 年，丹麦政府发布了《富有远见的丹麦能源政策 2025》，其中制定了利用风电开发的战略规划，提高风力发电量的总体目标。该规划为丹麦的风电发展提供了良好的空间框架，同时推动了陆上和海上风电示范试点项目，并对海上风电基础设施进行了规划和布置。经过数十年的发展，丹麦的风电技术已经处于全球领先地位，其风力涡轮机大约占据了全球市场的 40%。丹麦在可再生能源和碳减排方面所做的努力和取得的成就，为全球应对气候变化和推动可持续发展提供了宝贵的经验和借鉴。

5.3.2　建筑节能

在丹麦，建筑行业的能耗超过了交通和工业部门，成为国内能源消耗最大的部门，因此减少建筑能耗对于丹麦的节能减排至关重要。为了实现这一目标，丹麦政府在20世纪70年代中后期颁布了《供电法案》和《供热法案》，并通过《可再生能源利用法案》和《住房节能法案》进一步加强立法措施，鼓励建筑节能。

随后在2000年，丹麦又颁布了《能源节约法》，并在2004年进行了修订，计划到2025年维持2000年的能源消耗水平。然而，单纯的能源法规对建筑能耗的影响十分有限。从1977—2006年，丹麦政府加大了降低建筑能耗的措施力度，出台了一系列与建筑相关的法规，明确规定了建筑围护结构的隔热值、窗户的限制以及能源计算方法等。这些法规和政策对丹麦的建筑节能产生了积极影响，但有时并不符合使用者的习惯。例如，1977年的建筑法规规定住宅楼的窗户面积最大只能占楼面面积的15%，导致许多住宅缺乏充足的自然光线。然而，1985年的法规要求根据能源需求计算建筑所消耗的能源，这一变化使得窗户面积可以超过总楼面面积的15%，从而提高了建筑的光线条件。此外，大量使用玻璃材料导致建筑在夏天室内温度过高，因此在2006年的能源法规中明确规定在充足的光照条件下，必须考虑消除室内热量积聚。可见，丹麦的建筑节能法规也经历了不同的阶段，才趋于完善。

从技术来看，丹麦的建筑节能设计主要包括两个方面：被动式节能方法和主动式节能方法。被动式节能方法包括加强建筑外表面的保温措施、使用隔热窗户和保温墙体、选择适当的建筑朝向和遮阳方式、利用自然通风来实现建筑降温，利用地下水、海水和室外空气等免费冷源来降低建筑温度，利用混合型热回收通风系统实现冬季保温和夏季降温，最大限度地利用日光来解决采光需求等。而主动式节能方法则促进建筑节能技术的发展，大量使用可再生能源进行集中供热，鼓励在建筑内部使用节能电器来减少能源消耗等。

5.4 美国——碳交易与绿色认证

5.4.1 应对气候变化的行动

虽然美国曾是全球二氧化碳排放量最大的国家，并且一直没有签署《京都议定书》，但该国也很早就开始采取各项节能举措来应对气候变化，以满足其自身发展需求。在1970年，美国通过了《清洁空气法案》并建立了国家环境空气质量标准（NAAQS），其中规定了细颗粒物和其他污染物的最大允许浓度，并制定了污染源排放标准。随后，该法案督促工厂安装污染控制设备，呼吁汽车制造商生产更环保和节能高效的汽车，并要求每个州政府制定计划以确保达到和持续符合环保标准。1990年修订版的《清洁空气法》通过法律约束空气污染，并制定了环境空气质量标准。2004 年的修订版将二氧化碳列为污染气体，并制定了一系列减少污染气体排放的措施，包括科研项目激励机制、机构职责分配机制、大气标准规定以及法案执行规定等。

此外，美国还在排放权交易领域积累了有效经验。自 20 世纪 70 年代开始，美国就开始探索排污权交易制度，并以此为基础建立了大气环境质量标准和实施行动计划。该交易制度由"补偿""气泡""银行储备"和"容量节余"四部分组成，为后续政策的实施提供了基础。1990 年修订版在建立"酸雨计划"的同时正式确定了排污权总量与交易模式。随着排污权交易的推行，美国在 1990—2006 年间的二氧化硫排放总量减少了约 40%。2007 年，《低碳经济法案》规定了碳排放许可证的发放和交易制度，并相应地对一系列相关概念进行了界定，从而形成了碳排放交易产业，对全球碳交易制度的发展产生了深远影响。

2018 年，美国政府发布了《美国深度脱碳中期战略》（United States Mid-Century Strategy for Deep Decarbonization）报告（图 5-4），旨在探讨实现碳中和的路径和措施。该报告描述了降低生物燃料生产成本、提高生产效率、开发即用型燃料、与低碳燃料共同优化发动机以最大限度地提高性能和减少温室气体排放的机会，并确保以有益的方式生产和使用生物质，以实现美国深度脱碳，实现碳中和战略。

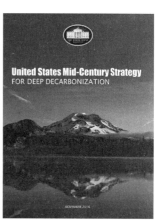

图 5-4　美国相关可持续发展报告

5.4.2　美国能源战略

美国的能源战略始于 20 世纪 70 年代初。在经历了 1973—1974 年的第一次石油危机后，国家的能源安全问题开始凸显。为了实现能源的自给自足，时任总统尼克松采取了独立的能源政策，并发布了《能源政策和节能法案》等能源法律法规，以应对石油危机的影响。在 90 年代初，美国的能源战略开始转变，强调在确保石油能源供应安全的同时，寻求替代燃料的开发，提高能源利用效率，节能逐渐成为能源战略的重要目标。1992 年，美国颁布了《能源政策法案》，对太阳能和地热项目永久减税 10%，对风能和生物质发电实行为期 10 年的产品减税。1998 年，《美国国家综合能源计划》将注意力转移到新能源的开发与利用上。

2005 年，《国家能源政策法案》通过消费税优惠等政策鼓励提升能源效率和节约能源，促进可再生能源的发展以替代传统能源，控制并减少对国外能源的依赖。2007 年，《能源独立和安全法案》对增加生物燃料生产、建筑和工业节能、碳捕获和碳截存等做了专门规定，并规定到 2025 年清洁能源技术和能效技术的投资规模将达到 1900 亿美元。2009 年，《复苏与再投资法案》明确了美国能源部实施的能源效率和可再生能源计划，规划到 2012 年美国所用电能的 10% 来自可再生能源，并且到 2025 年这个比例达到 25%。同年，《美国清洁能源与安全法案》明确规定减少化石燃料的使用，以 2005 年为基准，至 2020 年温室气体排放减少 17%，至 2050 年则减少 83%。

2015 年，美国发布了《清洁能源计划》，以 2005 年为基准，至 2030 年发电厂碳排放减少 32%、氧化硫的排放减少 90%、氮氧化物的排放降低 72%，同时清洁能源的比例将提高到 28%。在确保石油能源供应的前提下，美国积极寻找可替代能源，并将节能环保和能源对环境的影响纳入考虑之中。

美国还以大型项目为载体，进一步提高能源利用效率并推进新能源的发展。卡特总统时期的越冬御寒援助项目是一个典型代表，该项目极大地提高了取暖的效率。克林顿总统时期推行的太阳能系统、能量星与绿光等能源项目则在提高能源利用效率的同时极大地促进了新能源的开发与利用。2009 年新政中也再次明确需要提高燃油经济性标准，全面推动节能汽车和电动车的发展。

5.4.3 美国低碳建筑

美国十分重视对于建筑节能政策方面的引导与激励，发展净零能耗建筑和零碳建筑是美国碳减排的一大重要领域。美国能源部和可再生能源实验室将零能耗建筑定义为四种类型：源头端零能耗建筑、负载端零能耗建筑、零排放零能耗建筑和零账单零能耗建筑。全美各地陆续出台了一系列面向零碳建筑的行动。2021 年加利福尼亚州出台了"近零碳行动计划"（Zero Code），希望规范零碳建筑的发展，并制定了零碳建筑发展的总体目标，即至 2020 年所有新住宅建筑实现净零能耗，至 2030 年需要至少完成 50% 的存量商用建筑的净零能耗改造，并且所有新建的商用建筑必须实现净零能耗；华盛顿哥伦比亚特区则出台并实施强制性的净零碳建筑规范标准，并通过相关政策作为辅助来实现净零碳目标，使建筑设计最大程度提高能源利用效率，减少电力、天然气的消耗和碳排放，并不断提高对气候变化的适应能力。波士顿在制定的全市净零碳目标里规定新建的市政建筑和经济适用房必须满足净零碳标准。纽约则签署了世界绿色建筑委员会发起的《净零碳建筑宣言》（Net Zero Carbon Buildings Declaration），承诺至 2030 年所有的新建建筑均达到净零碳标准。

为了推动建筑的低碳节能改造，美国还制定了相关配套政策，涉及税收、认证、评估检测和数据公开。例如，美国政府出台了一系列激励政策，以促进建筑节能，对节能绩效优异的建筑享受最高 2000 美元的税收减免。对购置了"能源之星"认证的节能住宅消费者提供贷款优惠政策，并为建筑节能改造项目提供专门的绿色融资通道。一些地区还推出了建筑节能改造项目分期付款等金融优惠措施，以促进绿色低碳建筑的发展。为了对低碳建筑进行合理规范的评价和认证，美国实行了"LEED 认证"绿色建筑评估体系。该体系涵盖了新建建筑、既有建筑、商业装修、建筑结构、住宅、商业开发等多个方面，根据建筑在碳排放、能源、水、废弃物、运输、材料、健康和室内环境质量等维度的表现进行评分，根据总分将建筑物分为四个认证等级：铂金、金、银和认证四个级别。目前"LEED 认证"评估体系已经被 150 多个国家和地区使用，并且有超过40% 的项目来自非美国本土，已经成为全球范围内具有权威性和影响力的绿色建筑评估体系。

5.5 日本——低碳社会引领能源转型

5.5.1 日本低碳社会规划

为了应对气候变化，日本将全社会行动视为有效途径，并制定了涉及各个领域的低碳社会行动计划。1997 年，日本成立了全球变暖预防总部，专门负责协调和执行气候变化政策，并根据《京都议定书》的相关内容制定了《阻止全球变暖措施指南》。1999 年，日本颁布了《全球变暖应对措施促进法》，提出了全社会应对全球变暖的策略。

2004 年，日本环境省全球环境研究基金会发起了一个名为"面向 2050 年的日本低碳社会情景"的研究计划，旨在为 2050 年实现低碳社会目标提出具体的对策。该计划包括能源供应结构转变、低碳交通、制度变革、技术发展以及生活方式的转变等各个方面。计划的目标是将温室气体排放量以 1990 年为基准减少 70%。随后，2008 年日本政府发布的《面向低碳社会的 12 大行动》（Twelve Actions for a Low-Carbon Society）（图 5-5、图 5-6）对交通、住宅、工业等各个部门设定了碳减排目标，并提出了 12 个具体行动。如建立舒适与绿色的建筑环境、使用适当的工具、提高地方的季节性食品供应、使用可持续的建筑材料、加强商业与工业中的环境教育、改善物流运输、设计友好的城市步行环境、提供低碳电力、利用本地可再生资源满足当地需求、推动下一代燃料的发展、鼓励消费者做出快速且合理的选择、培养低碳社会的领导能力等。同年，时任首相福田康夫发表了题为"为实现低碳社会的日本而努力"的讲话，被称为"福田蓝图"。讲话中确立了日本温室气体排放的长期目标，即到 2050 年日本温室气体排放量比现状减少 60%~80%，至 2020 年太阳能发电量增长为目前的 10 倍，并在2030 年提高到 40 倍。

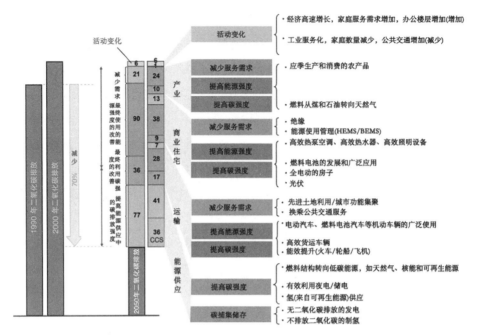

图 5-5　日本二氧化碳排放量以及实现减排的方案
（图片来源：《面向低碳社会的 12 大行动》）

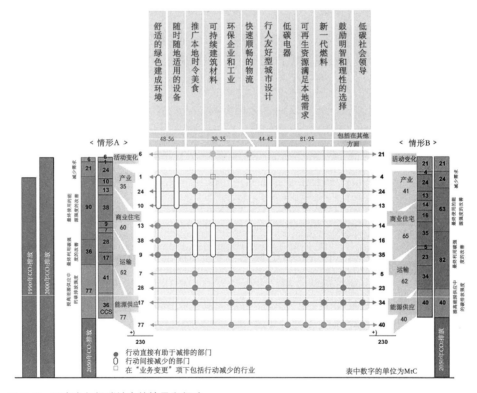

图 5-6　日本走向低碳社会的情景和行动
（图片来源：《面向低碳社会的 12 大行动》）

　　　　　　　　　　　　　　　　中国城市"双碳"情景与路径

2008 年日本政府颁布了《构建低碳社会行动计划》（Action Plan for Achieving a Low-carbon Society），提出主要从四个方面推动低碳经济发展和低碳社会建设：一是减少能源使用量；二是促进能源消耗从化石燃料向可再生能源转换；三是通过植树造林、防止森林破坏、加强对土地使用的管理等促进碳固定；四是削减自然界、农业活动等排放的温室气体。

2010 年日本在《气候变暖对策基本法案》（Basic Act on Global Warming Countermeasures）中设定了碳减排的总体目标，即以 1990 年为基准，至 2020 年碳排放总量减少 25%，至 2050 年则减少 80%，并就如何实现减排目标，列举了核电、可再生能源、交通运输、技术开发、国际合作等诸多领域的措施。

2019 年，日本政府发布的《巴黎协定下的日本长期战略》（Japan's Long-Term Strategy under the Paris Agreement）（图 5-7），规划日本实现碳中和的路径和目标，旨在到 2050 年实现经济活动净零排放，即减少排放量至几乎为零并通过其他手段（如碳汇）抵消剩余排放；强调战略推动能源转型、鼓励技术创新和发展低碳技术，着重于改善基础设施和推动城市的可持续发展，包括推动低碳交通、建设节能型建筑和提高能源效率。

巴黎协定下的日本长期战略

2019年6月

(2019年6月11日，内阁决定)

日本政府

图 5-7 《巴黎协定下的日本长期战略》

日本低碳社会规划展现出的特点是目标具有灵活性，其考虑了两种可能的情景，一种是高密度生活的高科技社会；另一种则是人口密度低、资源分散的社会模式，可以根据未来发展的实际情况进行选择与参考。日本将各部门碳排放最小化作为第一要义，从而最大限度地挖掘各个经济部门的节能减碳潜力，体现出日本社会的共同参与性，同时也十分注重对于社会民众减碳意愿的激发。在交通、住宅、工业等不同领域内的侧重点也有所不同，体现出规划的多元性与针对性。

5.5.2 日本能源转型

作为一个资源短缺的国家，日本非常注重提高能源利用效率和发展可再生能源。在1974—1992 年期间，日本实施了"阳光计划"，重点推动太阳能、地热能、煤炭和氢能等领域作为石油替代能源的研发。在1981—1992 年期间，日本又发布了"月光计划"，重点推动燃料电池的开发和研究。

在20 世纪90 年代日本发布了《防止全球变暖行动计划》（Action Plan for Preventing Global Warming），其中就规定了2000 年以后人均二氧化碳排放量要稳定在1990 年水平。基于这个计划，日本于1993 年提出了"新阳光计划"（New Sunshine Program），将原来各自独立推进的新能源、节能和地球环境等3 个领域的技术开发进行综合性推进。此外，《京都议定书》中对碳减排的承诺也加速了日本对节能减排模式的探索，如区域供暖和低碳节能城市建设等。相比于欧美国家100 多年前开始实施的区域集中供能，日本的区域供能起步较晚，最早始于1970 年的大阪万国博览会会场，如今已经覆盖全国各地。日本的城市供能主要分为热供给事业型和成套设备集中型，政府在这两种形式上都制定了节能策略。为了保障城市能源建设的有序进行，日本还制定了相关的法律法规，如《建筑基准法》（Building Standards Law）、《都市计划法》（Urban Planning Law）和《合理使用能源相关法》（Law Concerning the Rational Use of Energy）等。

在日本能源转型过程早期，核能一直扮演着重要角色。然而，2011 年福岛核电站泄漏事件发生后，日本社会开始强烈反对核能。在短暂的"零核电"时期后，日本的能源自给率大幅下降，碳排放量也出现上升。为解决接连而来的问题，日本制定了更加"负责任的能源政策"，并在2014 年的《能源战略规划》（Strategic Energy Plan）中明确将核电定位为"重要的基础负荷电源"。根据新的核安全标准，只有通过检验的核电站才能恢复运行。2015 年8 月，川内核电站成为首个通过检验的核电站，标志着核能再次成为日本能源转型的主要途径之一。另外，推动可再生能源如风能、太阳能、生物质能和地热能的发展也是日本能源转型的重要途径之一。

2011 年，日本颁布了《可再生能源特别措施法》（Renewable Energy Special Measures Act），其中包括可再生能源固定价格收购制度（Feed-In Tariff System），要求电力公司购买个人和企业利用可再生能源生产的电力，以推动可再生能源的普及。这一制度使得日本的可再生能源装机容量扩大了2.7 倍。日本政府非常注重可再生能源的技术研发，并提供相应的财政支持。自从1993 年开始实施"新阳光计划"以来，每年约有362 亿日元拨款用于新能源相关技术、能源输送和储存技术等领域的研究和应用。为了促进和更好地利用新能源，日本提供了50% 的推广费用补助给那些大规模引进新能源发电的公共团体，并为符合新能源法规定标准的项目提供 1/3 的推广事业费补助。此外，日本还为购买可再生能源设备提供相应的税收优惠。在《推广太阳能发电行动计划》（Action Plan to Expand Solar Power Generation Installation）中明确规定，因使用太阳能而负债的家庭可以在连续 10 年的所得税中享受抵扣贷款余额 1% 的优惠。这一系列措施使得可再生能源的发展和利用成为日本能源转型的主力，并且新能源技术的创新是至关重要的。

在 2019 年发布的一系列应对气候变化的技术战略文件中，日本清晰地勾勒出了"脱碳化"技术创新的核心内容和发展方向，那就是使用氢能源。一方面，它有助于提高国家能源的自给自足率，减少对外部能源的依赖，确保国家能源安全。另一方面，氢的制备方法多样，在试验阶段不会产生二氧化碳，非常符合日本在环境保护方面的努力和实现零排放目标。早在 1973 年，日本就设立了"氢能源协会"，集结了许多研究人员，积极推动氢能源技术的研发和讨论。1981 年，日本新能源及产业技术综合开发机构（NEDO）开始研究燃料电池和氢能源相关技术，并得到日本政府的大力支持。2013 年是氢能源在日本的转折点，日本政府将氢能源的发展上升为国家战略，并在第四次《能源战略规划》中明确将其与电力和热能并列为二次能源，2014 年，日本内阁提出构建"氢能源社会"的倡议，希望在日常生活和产业行动中广泛利用氢能源，日本新能源及产业技术综合开发机构也响应这一倡议，发布了《NEDO 氢能源白皮书》（NEDO Hydrogen Energy White Paper），详细介绍了"氢社会"相关政策、储存、利用和运输技术的发展，并展望未来的发展方向。

在 2018 年的第五次《能源战略规划》中，日本再次明确要加快构建"氢社会"，充分开发氢能源作为发热和发电的燃料。同年，日本开始建设福岛氢能源研究基地（Fukushima Hydrogen Energy Research Field），成为世界上最大的氢能源研究系统。该基地将用于运行一个氢气制造工厂，生产的氢气将用于燃料电池车的使用和工厂运作。为鼓励公众使用燃料电池车，日本政府给购买燃料电池车的消费者提供相应的补贴，这一措施有效提高了燃料电池车的销量。

2020 年，日本政府制定了针对氢能源和汽车行业的"绿色增长"行动计划，计划在未来 15 年内淘汰汽油车，努力实现交通业的净零碳排放，并希望到 2050 年每年创造接近 2 万亿美元的绿色增长。同年还发布了《革新环境技术创新战略》（Environment Innovation Strategy），该计划涉及能源、工业、交通、建筑和农林水产业等五大领域，共划分为 16 个大类，总计 39 项重点技术，其中明确了 5 个技术创新的重点。

总的来说，日本在氢能源的开发和利用方面投入了大量资源和精力，并将其视为实现可持续发展和环保目标的关键手段。随着技术的进步和政策的持续支持，可以预见未来日本在氢能源领域将取得更多突破和成就。

经过各方面的努力，日本的能源转型目前已经取得了阶段性的成果。一是日本的能源相关技术发展在国际上较为领先，如核能技术、氢能源技术等都已达到了国际先进水准，极大地提高了日本能源的自给率，并有效地减少了碳排放。二是日本的能源供应结构优化成效显著，可再生能源在日本能源结构中的占比逐渐增加（图 5-8）。在 2011 年核事故发生后，日本开始更加重视可再生清洁能源的发展，因此可再生能源消费量显著增加，加之 2014 年以来全球各国可再生能源价格下降，很大程度上缩减了日本的成本，同时提高了可再生能源的利用效率，因此日本的可再生能源发电相对来说已经具有一定成本竞争力；同时日本的石油和煤炭能源

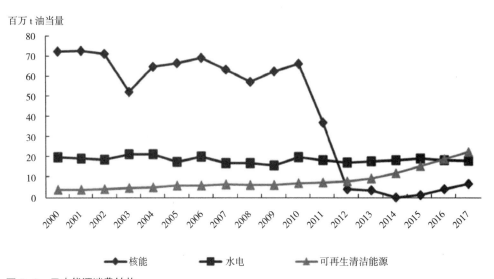

图 5-8　日本能源消费结构
（图片来源：英国石油公司 BP 统计数据）

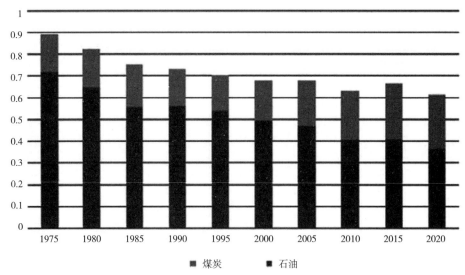

图 5-9　1975—2020 年石油、煤炭在日本一次能源供应中的占比
（图片来源：《日本能源白皮书 2022》）

　　　　　　　　　　　中国城市"双碳"情景与路径

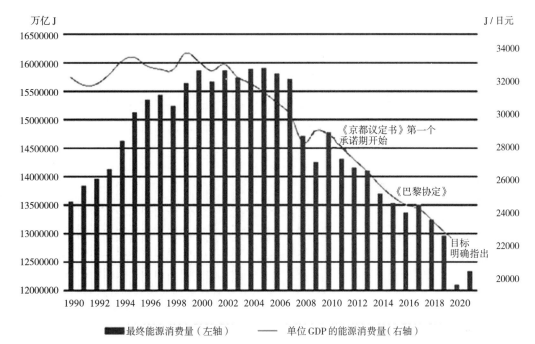

图 5-10　1990—2021 年日本最终能源消费量及单位 GDP 的能源消费
（图片来源：世界银行）

的占比总和已降至 61%（图 5-9），较 1975 年减少了近 30%，能源结构越趋稳定和清洁。三是日本的能源利用效率水平较高，2008 年开始最终能源消费总量不断减少，单位产值能源消费量则一直呈现逐步减少的趋势（图 5-10），由此看出日本所采取的节能措施成效显著。

5.5.3　日本低碳建筑

日本也是在低碳建筑领域发展起步较早的国家之一。在其 2014 年发布的《第四次能源基本计划》（The 4th Strategic Energy Plan）中为建筑节能制定了具体的目标，即到 2020 年须实现新建公共建筑及普通标准住宅建筑零能耗，到 2030 年则实现所有新建建筑零能耗。为了早日实现这一目标，日本极为重视对于建筑节能技术的开发与利用，其中包括通过相关建筑新技术以最大限度降低使用者对于主动采暖及制冷系统的需求，提高设备的能源利用效率及利用可再生能源发电，对建筑进行全生命周期评估和管理等举措。

位于日本中部岐阜县瑞浪市的市立瑞浪北中学便是践行零能耗建筑的一大案例，是日本第一所完全实现近零能耗的学校类建筑。该中学在设计时希望通过校舍本身起到调节空气流动及温度变化的作用，因此设计者根据校舍周围的地形条件，对教学楼的布局以及空气流动

火焰的流动

图 5-11 瑞浪北中学设计解析图

进行了动态模拟，确定了校舍的合理布局（图 5-11），使引入的自然风得以吹入冷渠（即校舍下面设置的地下沟渠），在夏季经过冷却后空气变得凉爽，便可以在各间教室之间循环流动。

在建筑节能方面日本的有效举措还包括制定并实施建筑节能标识制度，这一制度是由第三方机构对建筑的相关指标进行评估并认证的。建筑上需对其能耗设计值和标准值进行标注，并由此计算出建筑整体的能耗值，能耗数值越小，建筑的星级便越高，其中最高的五星级节能建筑规定需比能耗标准值低 50% 以上。为了推动低碳建筑的发展，日本编制设计了不同建筑类别的相关指南为技术人员提供参考和辅助，覆盖的建筑包括办公楼、商业建筑、医院、学校、酒店等，同时印发了图文并茂的宣传册用以推广节能理念。2012 年开始，日本政府开始构建针对零碳建筑的财政补助体系，分别由环境省和经产省（日本的省相当于我国的部委）来提供补贴，补助的范围包括设计费用、工程费用和相关设备的购置费用，分别针对建材、空调、照明、取暖设备等建筑能源相关用品进行补助，每年最高不超过 10 亿日元，比例低于总投资的 2/3。日本的一系列节能政策很大程度上促进了节能低碳建筑的发展，为全面实现零碳建筑这一目标奠定了基础。

第6章 "双碳"城市案例研究

庞大的经济规模、高密度的人口、快速运转的城市建设活动以及高占比的建设用地等，使城市成为全球碳排放的主要来源。伦敦、东京、哥本哈根、洛杉矶等城市早在1990—2000年就实现了"碳达峰"，此后，巴黎、纽约等城市在2001—2010年完成"碳达峰"。对国外已碳达峰城市的碳减排行动进行分析，总结其碳达峰、碳中和的先进经验，有助于结合实际情况探索适合于中国城市的低碳发展模式。

6.1 伦敦——最绿色全球城市的目标愿景

图6-1 《伦敦环境战略》封面

从碳排放数值来看，伦敦早在2000年就已经实现了碳达峰，但伦敦一直在对抗气候变化和环境危机方面不断努力。2018年，伦敦市政府发布了伦敦历史上首个环境问题综合规划，名为《伦敦环境战略》（London Environment Strategy）（图6-1），这个规划的目标是到2050年使伦敦成为全球主要大城市中空气质量最好的城市，成为全球首个"国家公园城市"，实现零碳排放、零废弃物，并建设具有高生活品质和韧性的安静舒适城市。根据这个规划，伦敦制定了包括低碳经济、数字化智慧城市、绿色低碳基础设施和健康街道、推动能源体系转型等方面的战略行动计划。这次行动计划可以概括为以下四点特征：

构建可持续和具包容性的低碳循环经济。伦敦在低碳基础设施和服务行业投入大量资金，建立相关产品的循环利用系统，促进资源的高效利用，推动健康绿色经济的快速增长。根据统计数据，仅在2014年，伦敦的低碳环境产品就创造了300亿英镑的销售额，并创造了许多就业机会。

强调智慧数字技术的创新和运用。伦敦构建了高效的智慧数字城市，推行"数字优先"策略，提高各种新技术之间的互联性。智慧能源监控体系、智慧热力网络、数字化通信系统等技术可以提高基础设施的利用效率，协助环境系统如能源、热力、水的高效运作。同时，也能促进技术和低碳环境的融合。

重视绿色低碳基础设施与健康街道的建设。伦敦十分注重绿色基础设施的发展，包括公园、绿地、湿地和绿植屋顶等。通过优化绿色基础设施，可以提高城市的碳汇能力，吸收更多的碳排放，并提高生态环境的韧性。为此，伦敦政府建立了自然资本账户体系，将绿色基础设施所带来的增值和减少自然灾害风险的收益进行汇总和公开。政府、绿色空间委员会和公众等各界人士将通力合作，通过专业规划来保护和优化伦敦的绿色基础设施和生态环境。此外，伦敦还将民众的健康和活动体验纳入城市规划的考量范围，制定了健康街道规划策略。通过对街道在空气清洁、可达性、步行和骑行安全等 10 个方面进行评估，促进各街道的可持续性低碳环境建设，创造公平健康、开放共享的城市环境。

推动适应气候变化的能源体系转型。伦敦计划通过改变能源的生产和消费模式，减少气候变化对城市的负面影响。在社会层面，将使用智能能源监控系统来帮助人们提高能源使用效率；在能源结构方面，计划提高新能源的使用率，到 2030 年实现 1000MW 太阳能装机容量的目标，并建立清洁能源供应和高效使用的制度，帮助伦敦实现零碳排放的目标。

6.2 哥本哈根——世界上最接近碳中和的城市之一

哥本哈根作为低碳城市建设典范，可能是世界上距离"碳中和"目标最近的城市之一。该城市主要通过土地利用与交通规划相结合，引导市民改变出行习惯，推动产业转型，提升城市碳封存能力。20 世纪 70 年代石油危机爆发后，哥本哈根被迫进行制造业大迁移，随后开始积极采用可持续发展模式以应对挑战。尤其是政府全面支持可再生能源产业，使得这座城市走上了低碳发展之路。在总体布局上，哥本哈根将主要功能区集中在市中心，并通过 5 条轨道交通线路辐射出多个次中心，形成以公共交通为导向的交通网络（即 TOD 模式）。由于主中心与次中心巧妙的位置关系和形态，这一规划被称为"指状规划"。

哥本哈根通过深化土地利用实施城市减碳行动。在"指状规划"的整体框架下，指状公园系统得到进一步完善。规划中的"掌心"部位通过完善老城区的生态绿廊，形成了低碳生活网。而"五指"间的绿色楔形地带则重点培育生态多样性，创造了大量用于城市碳封存的空间。具体规划原则包括：设立 TOD 节点，将交通节点的 600m 半径内确定为核心区域，主要安排居住、商业等功能，约 1200m 半径处安排制造企业入驻，并通过楔形绿带划分，巩固多中心发展模式，增加城市的总碳汇面积；努力在重要交通流线周边实现人口与就业的平衡，适度缩减交通需求，减少通勤距离和时间，并在人口密集区域设置一定数量的公交站点，鼓励市民选择公共交通出行；政府增加交通基础设施建设的资金投入，并积极推行"指状规划"的宣传活动，使之成为哥本哈根的城市标志之一，赢得了市民的广泛认可。

从交通规划层面来看，哥本哈根市在减少交通碳排放方面采取了政府投资、支持轨道交通和非机动车辆以及价格调控等措施。为了解决部分地区轨道交通线路无法全面覆盖的问题，市政府增加了不同交通走廊之间互联专线的资金投入，以方便市民出行。城市中心区保留了中世纪时期的古建筑和街道风貌，为了最大限度地保护历史文化街区，同时也为了促进更加低碳的非机动交通发展，哥本哈根积极推进了自行车路网建设，包括都市区的休闲生态自行车道、跨区域的高速自行车道和城市内部的日常通勤自行车道三种类型，并定期进行道路维护，改善慢行交通路况条件。此外，市政府还通过合理的购车和税收政策提高私人汽车的价格和使用成本，降低私人机动交通的使用率。

在上述低碳战略中，最有特点的是自行车网络建设。哥本哈根是自行车之都，20世纪末就已经拥有了数百公里的自行车路网系统。进入21世纪，市政府陆续出台了一系列与自行车有关的政策，严格控制慢行基础设施建设过程中的各项环境指标。在老城区，扩展自行车道主要通过减少机动车行驶空间来实现，例如将布鲁格万根街近10000m²的机动车道改建为慢行道，并设计了3000m²的自然式碳汇绿地。

通过十年的研究与实践，2019年，哥本哈根在人口总量增加近20%的情况下，将城市的碳排放减少了近40%，真正实现了在城市扩张的同时保持绿色低碳发展的目标。

6.3 巴黎——对于气候变化的全方位适应性举措

2004年，巴黎宣布实现碳达峰，但此后仍然坚持减排行动。2007年，巴黎市政府推行《气候行动计划》（Plan Climat de Paris），规定了短期目标为到2020年减少碳排放量25%，长期目标为到2050年减少75%碳排放量。在这一计划下，巴黎先后更新改造了学校、公共机构的供热系统、城市照明系统以及社会性住宅的能源消耗系统。此外，还建立了地方可再生能源体系和能源回收设施体系，并在餐饮服务业和交通体系中实施了低碳规划与改进。从2004—2014年，巴黎的碳排放总量减少了约19%。

在法国政府签署了《巴黎协定》后，2018年巴黎市政府制定了新的《巴黎气候行动规划2050》（Paris Climate Action Plan 2050）。该计划回顾总结了过去十年巴黎的减碳成果，并制定了碳中和目标（图6-2）。以2004年为基准，到2020年，巴黎计划减少25%碳排放和能耗，将可再生能源消费比例提高至35%。到2030年，减少55%碳排放、35%能耗、40%碳足迹，可再生能源消耗比例增加至45%。到2050年实现碳中和，实现减少50%能耗、80%碳足迹，并完成100%可再生能源的目标。巴黎对气候变化的适应性措施相当全面，主要涉及能源、交

图 6-2　2014 年巴黎市碳足迹
（图片来源：《巴黎气候行动规划 2050》）

通出行、建筑与公共空间以及低碳城市规划等方面。

①巴黎建立了有效的能源治理体系，通过优化能源配置与供应，调动地区内的可用资源，为实现 100% 可再生能源的目标奠定了基础。其次，巴黎努力控制能源需求，减少能源消耗。目前，巴黎超过 3/4 的能源供应仍然需要通过进口满足，因此，巴黎在境外可再生能源生产方面投入了大量资金。同时，巴黎积极鼓励技术创新，大量投资研发试验能源新技术，推动能源的可持续转型。

②巴黎还实施了交通工具和出行方式的低碳转型。从 2008—2050 年，巴黎计划将私家车时代转变为以主动、绿色、共享和清洁为主的共享交通时代。2016 年，巴黎成为法国首个设立低排放区的城市，在这个区域内限制碳排放严重的燃油车辆通行。作为欧洲最拥堵的城市之一，巴黎年均堵车时间为 237 小时。因此，巴黎计划通过限速、限行和减少车道数量等方式来改造环城大道，专门设立公交车和零碳车专用道，并在道路旁增加 10 万棵树，鼓励公众使用公共汽车或自行车等低碳共享出行方式。在物流运输方面，巴黎实施了法兰西岛低碳物流计划，促进了城市中心货运的低碳发展，推动了多方式联运物流平台的智能化和数字化升级，建立了低碳的交通运输体系。

③巴黎还推动了建筑和共享空间的低碳更新。在低碳城市的建设中，社会住房等建筑物的低碳更新是减少日常生活碳排放的关键环节。巴黎计划加强对服务性建筑夜间照明的限制，并要求将低碳纳入建筑设计中，注重建筑的多功能性和可逆性，使建筑物具备住宅、酒店和办公室等多种功能，更具有韧性。随着时间的推移，可以在不需要进行大规模翻新改造的情况下改变建筑的功能，从而减少温室气体排放。巴黎计划到 2030 年实现 30% 的办公室功能可

逆化，到 2050 年实现 50% 的可逆化。此外，巴黎还鼓励人们改变原有的生活方式，与规划师、房地产商等多方合作，建立共用住房、共用图书馆、共用洗衣房等共享空间，加强人与人之间的交流，并在公众心中潜移默化地树立低碳生活和资源共享的绿色环保理念。

④巴黎还借助数字化手段辅助低碳城市规划，制定了针对能源气候和城市绿化等问题的规划策略。一方面，改进了对巴黎当地土地使用规划的执行监督和处罚措施，并鼓励相关部门实施创新性的能源计划，将碳中和目标贯穿于所有项目中制定相应策略。另一方面，巴黎还利用地理信息系统等数字工具来监测和评估低碳城市发展模式，并计划创建"3D 巴黎"等项目，为低碳城市规划提供参考和咨询，同时也为国土空间规划方案的修订提供帮助。通过低碳城市规划的评估与干预措施，巴黎能够有效地对城市碳减排效果进行监测并调整与制定下一步行动计划，充分发挥了城市规划在低碳城市发展方面的结构性干预作用。

6.4 东京——环境友好的零排放战略

东京市政府在 2019 年发布了面向碳中和目标的白皮书《东京零排放战略》（Zero Emission Tokyo Strategy），提出东京计划至 2050 年全面实现碳中和的愿景。根据《东京零排放战略》报告中的统计，东京都（包括东京都区部、多摩地域及东京都岛屿部）2000 年左右的能源消费量已经迈入了达峰的平台期并表现出持续下降的趋势。2012 年东京实现了碳达峰，随后能源消费量逐步走低。东京的碳排放构成中排名前三的部门分别为碳排放占比高达 39.6% 的商业部门、占比为 25.7% 的居民生活和 15.1% 的交通部门。

《东京零排放战略》计划通过提高建筑、汽车交通等部门的能源效率来创建一个资源共享、循环利用的低碳社会。利用太阳能、风能等清洁能源代替传统高碳排能源来满足城市的日常生活需求，至 2050 年建成一个环境友好舒适、适应气候变化的低碳韧性城市。东京的零碳排放战略分为 3 个阶段，第一阶段为提出战略，2017 年东京意识到了气候危机下碳减排的紧迫，全面开始制定控制气温升高在 1.5℃ 以内的行动战略；第二阶段为 2030 年前推进零碳计划的 10 年行动期，东京计划以 2000 年为基准，至 2030 年减少 30% 的碳排放，结合先进技术的运用，推行"东京 2030 目标 + 行动"；第三阶段为零碳排战略的最终实现阶段，东京计划协调与加强能源、建筑、材料等所有领域的努力，在 2050 年前全面实现净零碳排放。《东京零排放战略》行动路线共涉及能源、建筑、交通运输、资源与工业、气候变化适应、多方合作等 6 个领域，以及 14 项政策（表 6-1）。

6 个领域	14 项政策
能源	将可再生能源作为主导能源、扩大氢能的使用
建筑	扩建零碳排放建筑
交通运输	普及零碳排汽车
资源与工业	3Rs、塑料的可持续利用、食物垃圾的处理、降低碳氟化合物排放
气候变化适应	加强气候变化适应措施
多方合作	在社会制度改革方面与各界通力合作，加强与地方的合作交流，结合东京都自身的可持续发展措施，加强与国际社会的合作与联系，促进可持续经济发展

在能源方面，东京正在积极推动可再生能源的发展，计划到 2030 年在政府部门范围内实现 100% 可再生能源使用，并在 2050 年实现 100% 使用脱碳能源的目标。同时，东京也致力于推广氢能源的使用，使其成为未来脱碳社会的能源支柱。

在建筑方面，东京正在全力加快零碳排基础设施和建筑的建设，计划在 2050 年前使所有建筑达到零碳排标准。

在交通领域，东京计划到 2030 年将零碳排小汽车比例提高到 50%。同时引进超过 300 辆零碳排的公交车，并建设相应的充电和补充能源设施，以提供强有力的低碳交通基础设施支持。

在资源与工业方面，东京秉持 3Rs 原则，即"减少（reduce）、再利用（reuse）、回收（recycle）"，计划在 2050 年前建立可持续循环利用的资源体系，并通过人工智能等新技术提高资源利用效率，推广使用生态材料，通过绿色采购政策促进资源的循环利用，并制定相关政策控制塑料、食物垃圾、碳氟化合物等的碳排放。

为应对气候变化，东京将在 2030 年前将动态气候变化的影响纳入碳减排策略考虑范围内，并在 2050 年前最小化气候变化所带来的负面影响。计划加强气候灾害的监测与防御，同时制定相关的生物多样性战略来应对气候危机所带来的危害。

在可持续减碳方面东京一方面在内部与企业、相关组织和联盟展开合作，另一方面与国际其他城市合作，加强全球网络的联系，共享经验和知识，互相促进"脱碳"进程。

6.5 纽约——迈向碳中和的纽约之路

在 2019 年 4 月，纽约市长可持续发展办公室（Mayor's Office of Sustainability，MOS）发布了《只有一个纽约：2050 城市总体规划》（OneNYC 2050），明确提出了 2050 年实现碳中和的目标。为了进一步探索实现碳中和的路径，2021年4月，MOS与爱迪生电气公司和国家电网合作发布了《迈向碳中和的纽约之路》（Pathway to Carbon Neutrality for New York City）报告，对纽约市2050年碳中和目标和路径进行了布局。根据MOS发布的纽约市温室气体排放清单，纽约市的碳排放总量在2005年左右达到了峰值，约为6485万t，之后随着能源效率和结构的改善，碳排放逐步下降，2019年的碳排放量为5512万t（图6-3）。

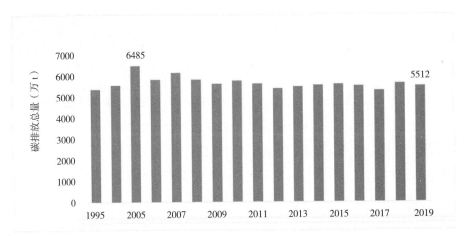

图6-3　纽约市碳排放变化趋势
（图片来源：《迈向碳中和的纽约之路》）

从构成来看，2019年纽约市碳排放主要来源为建筑、交通、废弃物等。其中建筑领域碳排放占比最大，高达66.8%；其次是交通领域，占比28.4%（图6-4）。从交通领域来看，机动车是交通碳排放最主要的来源，排放高达95%，其中80%来自轻型车辆（即4.5t以下的车辆，

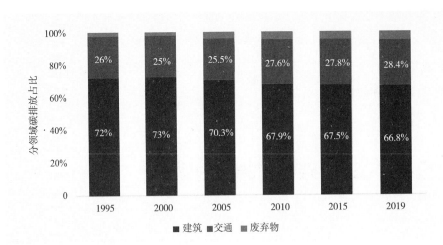

图6-4　纽约市分领域碳排放占比变化趋势
（图片来源：《迈向碳中和的纽约之路》）

中国城市"双碳"情景与路径

包括私人小汽车、皮卡车和小型货车）。从历史趋势来看，交通在纽约全市碳排放总量中的比重不断上升，成为碳减排不可忽视的重要领域。

从发展历程来看，纽约在2014年就立法宣布到2050年实现碳排放量较2005年减少80%，并发布《纽约80×50路线图》（New York City 80×50 Pathway to 2050），明确在建筑、能源、交通等重点领域需采取行动策略。此后在《只有一个纽约：2050城市总体规划》的"建设宜居气候"（Building a Livable Climate）中，明确将"80×50"作为2050年实现碳中和的目标。在此基础上，《迈向碳中和的纽约之路》报告进一步提出了分阶段的减排目标（图6-5），即以2005年的碳排放峰值为基准线，2030年碳排放下降40%，2050年下降80%，剩余的碳排放量则通过改进减排技术或抵消方式解决。

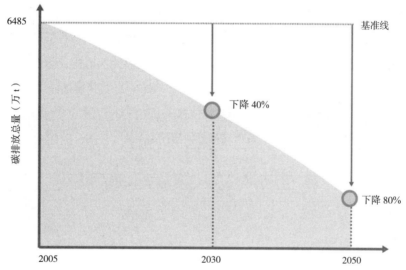

图6-5 纽约市碳中和目标
（图片来源：《迈向碳中和的纽约之路》）

《迈向碳中和的纽约之路》报告中，对纽约市未来的碳排放趋势进行了建模和情景分析，结果表明：既有政策情景下仅能实现44%的减排目标，其余36%的目标需要在强化既有政策的基础上，进一步通过额外的行动来解决。在此过程中，持续的政策创新和技术变革必不可少。其中，针对交通领域，纽约在其碳排放模型中重点考虑了出行方式优化、能源转型两方面路径对碳排放产生的影响，主要涉及两个关键参数：一是小汽车向公共交通、步行或自行车方式转移后所带来的车辆行驶里程的变化；二是零排放车辆的规模，包括纯电动汽车、插电式混合动力汽车和燃料电池汽车。

6.6 国外城市减碳战略的启示

对于城市来说，气候变化会给经济发展、健康水平以及稳定性带来威胁。城市作为碳排放的主要来源，应探索深度减排的路径，以零碳为目标进行城市能源转型。政府要制定支持碳减排的政策，鼓励清洁能源发展，加大对技术创新和研发的投资，同时加强碳排放监管和核查，推动城市的碳达峰碳中和目标的实现。

全球各地已达峰的城市通常都有一个同样的主题——都设定了坚定的、富有雄心的目标，成为城市减排行动源源不断的动力源泉。为了实现这一目标需要不同的策略，归纳为3个互相关联的类别：降低、电气化和替代。降低是指降低能源消耗，包括用电量、车辆出行距离、建筑供热/制冷需求量等；电气化指的是主要燃烧化石燃料向电气化的转变，表现在燃气取暖、加热水以及内燃发动机汽车转变为热泵、电炉、电动汽车的方式；替代指的是在实现电气化的基础上，用零碳可再生能源（风能、太阳能、水能、地热能）取代化石燃料发电。具体包含建筑、交通、电力、工业和生物资源等5个主要方面（表6-2），并通过分级战略来逐步实现。

城市减排分类与建议   表 6-2

分类	建议
建筑	城市建筑改造
	净零规范
	渐进式规范
	智能 LED 照明
	对标管理与透明化
交通	市政车辆电气化
	减少内燃发动机车辆
	减少货运排放
	完善电动汽车充电系统
	零车辆市中心
	替代出行方案
	公共交通
电力	LED 智能路灯
	区域电气化

中国城市"双碳"情景与路径

分类	建议
电力	市政太阳能安装
	市政可再生能源供应
工业	清洁工业用地
	高效电机
	操作培训
生物资源	城市绿化

高效利用清洁能源，将传统的能源规划调配成综合能源规划，通过这些措施，城市可以在建筑、交通等领域推动碳减排，实现碳达峰和碳中和目标，为打造低碳、可持续的城市发展作出贡献（表6-3）。

城市碳达峰碳中和战略实施布局方案   表6-3

分类	一级战略	二级战略	三级战略
建筑	制定低碳城市规划	制定低碳城市规划，明确碳减排目标和时间表	规划包括城市能源结构、交通规划、建筑设计等方面，以促进低碳发展
交通	推进可持续交通	鼓励公共交通、步行和骑行等低碳出行方式	改善公共交通系统，提供便捷、高效和清洁的交通选择，减少汽车使用和交通拥堵，降低碳排放
工业	促进能源效率	加强建筑和工业部门的能源效率措施，推动绿色建筑和节能改造	鼓励使用高效的能源设备和技术，减少能源浪费，降低碳排放
电力	发展清洁能源	积极发展城市可再生能源，如太阳能和风能等	推广分布式能源系统和微电网，鼓励居民和企业采用清洁能源，减少对传统能源的依赖
生物资源	推动循环经济	加强废物管理和资源回收利用，减少垃圾产生和处理过程中的碳排放	鼓励循环经济模式，促进废物资源化和再利用
监测和核算	强化碳排放监测和核算	建立城市碳排放监测体系，准确测算和评估碳排放水平	通过碳排放核算，为制定碳减排政策和措施提供科学依据
长期发展	加强城市间合作与知识共享	与其他城市和国际组织加强合作，分享经验、技术和最佳实践	通过城市间的合作和交流，共同推动实现碳达峰和碳中和目标

第 7 章　碳排放核算方法解析

7.1 IPCC 温室气体排放清单指南

在 20 世纪 50 年代中期以前，由于气候科学还没成为一个独立的研究领域，全球尚未展开相应的气候变化和温室气体的研究。在 1957 年，国际科学理事会（ICSU）提供了资金支持，以展开对大气中二氧化碳的检测研究。随后的 1967 年，联合国大会邀请 ICSU 和世界气象组织（WMO）共同制定了全球大气研究计划，对全球大气进行全面观测研究。到 1978 年，WMO、ICSU 和联合国环境规划署（UNEP）合作举办了"国际气候问题研讨会"，首次提出了人类活动与全球气候变化之间的关系，并呼吁全球合作，共同探索未来气候变化的趋势，以避免对人类自身造成不利影响。1985 年，WMO、ICSU 和 UNEP 等三家组织共同发布了第一份评估报告《世界气候研究计划》（World Climate Research Programme），该报告关注大气中温室气体对环境的影响，并将二氧化碳的排放列为全球温室气体研究的重点。同时，三家国际组织还成立了温室气体咨询小组，负责向政策制定者报告和评估气候科学政策。随后在 1987 年的世界气象组织大会上，各国代表呼吁希望国际组织能够提供权威和客观的科学评估，进一步了解社会经济发展与温室气体排放之间的关系。因此，在 1988 年，WMO 和 UNEP 共同创立了联合国政府间气候变化专门委员会（IPCC），该组织结合了各方面的专业立场，明确在得到世界上所有主要气候科学家的坚定同意以及参与国政府的一致认可的情况下才颁布规则和报告，提出对抗气候变化的措施供各国政府参考。因此，IPCC 的报告具有很高的可信度和权威性，最终在联合国大会第 43 届会议中，IPCC 的成立得到了正式批准。

IPCC 为各国提供了一种统一的评估方法《IPCC 国家温室气体清单指南》，帮助他们进行温室气体排放的核算。最早的清单指南于 1995 年发布，随后在 1996 年进行了修订。此后，IPCC 还发布了《2000 年优良做法和不确定性管理指南》（IPCC Good Practice Guidance and Uncertainty Management in National Greenhouse Gas Inventories 2000）和《土地利用、土地利用变化和林业优良做法指南》（IPCC Good Practice Guidance for Land Use, Land-Use Change and Forestry）两份与清单指南一起使用的文本。2006 年，IPCC 发布了新版的清单指南，并在 2019 年再次进行了修订。这些指南为各国编制自己的温室气体清单提供了权威的参考。

在 2019 年修订版的《IPCC 国家温室气体清单指南》中，温室气体的核算包括二氧化碳（CO_2）、氧化亚氮（N_2O）、六氟化硫（SF_6）、甲烷（CH_4）、氢氟烃（HFCs）、全氟碳（PFCs）、三氟化氮（NF_3）等。这些气体的分类主要基于产生温室气体的直接相关生产部门，包括能源，工业过程和产品使用，农业、林业和其他土地利用以及废弃物等四大类。其中，《IPCC 国家温室气体清单指南》中的能源部分主要包括固定源燃烧、移动源燃烧、逸散排放以及二氧化碳的运输注入与地质储存等内容。该部分涵盖了煤矿、石油天然气等资源的挖掘和运输，以及建筑、道路、交通等与能源相关的物质的运输方式。工业过程和产品使用包括采矿、非能源产品的生产、化学、电子和金属工业以及排放臭氧损耗物质氟化替代物的其他电器设备等内容。农业、林业和其他土地利用主要包括土地类型和牲畜养殖两大类，包括林地、农地、湿地、草地、聚居地、其他土地以及牲畜粪便管理过程中的排放、土壤中的氧化亚氮和二氧化碳的排放以及采伐的木材产品排放。废弃物包括废弃物的产生管理、固体废弃物的处理和生物处理、焚烧和露天燃烧以及废水的排放和处理等。

以《IPCC 国家温室气体清单指南》中城市交通的碳排放计算为例，2006 年，IPCC 将交通碳排放分为民用航空、道路运输、铁路、水运和其他运输 5 个碳源。民用航空包括国际航空和国内航空，国际航空使用的是国际燃料，单独进行统计；道路运输包括轿车、卡车、载货汽车、公交车和摩托车；铁路包括货运和民用铁路的碳排放；水运包括国际水运和国内水运；其他运输包括管道运输和其他非道路运输等，管道运输指的是天然气等气体能源从运营商运输到终端消费者的过程。

根据 IPCC 指南中对各种移动碳源的定义和介绍来看，运输产生的温室气体主要有二氧化碳（CO_2）、甲烷（CH_4）、氧化亚氮（N_2O）、氮氧化物（NO_x）、一氧化碳（CO）、非甲烷挥发性有机化合物（$NMVOC$）、二氧化硫（SO_2）。

IPCC 指南中计算运输碳排放的基本逻辑是将有关人类活动的程度信息和量化的单位活动温室气体排放量的系数相乘，其公式为：

$$Emission = AD \times EF \tag{7-1}$$

式中，$Emission$ 为碳排放量，AD 为活动数据，可以包括汽车行驶里程、各种能源消耗量等信息数据，EF 代表碳排放系数也被称为碳排放因子，为量化的单位活动排放量系数，该计算方式是根据碳排放系数计算的，所以该类公式又可以称为碳排放系数计算方法，各国家、区域或者行业可以以该计算公式为基础，结合需求对该基本公式进行扩展。根据该基本公式，IPCC 提供了两套基于不同活动数据的运输碳排放计算方法，即"自上而下法"和"自下而上法"，且提供了每种计算方式计算二氧化碳或甲烷和氧化亚氮排放量的公式，由于二氧化碳排放是主要的大气排放源，本书以二氧化碳排放的计算为主要介绍对象。

①自上而下法。自上而下法是基于各能源终端消费总量为活动数据，以各能源消费量和能源碳排放系数相乘计算出碳排放量的计算方法，具体计算公式如下：

$$Emission = \sum_i (S_i \times EF_i) \tag{7-2}$$

式中，$Emission$ 代表二氧化碳排放量（kg），i 代表不同的能源，比如汽油、柴油、天然气、煤油等，S_i 代表 i 燃料在一定时间内的消耗量（TJ），EF_i 代表 i 燃料的碳排放系数（kg/TJ）。

计算步骤为：首先统计需要计算的国家、区域或城市的各种能源消费数据，该种数据可以通过国家统计年鉴或者相关城市的相关部门的燃料消费数据获得，如果是计算国家级别的交通碳排放量，其能源消费量也可以通过国际能源机构或者联合国统计数据获得。获取能源消费量数据之后再获取能源对应的二氧化碳排放系数，二氧化碳排放系数可以根据实际需求取 IPCC 提供的二氧化碳排放系数，也可以取各自国家公布的官方二氧化碳排放系数。最后将所有类型能源的碳排放量相加汇总获得特定地区特定时间范围的碳排放量。

②自下而上法。自下而上法是基于运输方式行驶里程的碳排放量计算方法，通过计算不同类型车辆的行驶里程及其保有量，从而获得不同类型车辆的总行驶里程，再通过计算不同能源的单位能耗获得不同类型车辆的能源消费量，然后和碳排放系数相乘获得不同类型车辆的碳排放总量，最后将不同类型车辆的碳排放量进行汇总获得交通运输总碳排放量。具体计算公式如下：

$$Emission = \sum_{i,j} \left(D_{i,j} \times S_{i,j} \times P_i \times G_i \times EF_i \right) \tag{7-3}$$

式中，$Emission$ 代表二氧化碳排放量（kg），i 代表不同的能源，比如汽油、柴油、天然气、煤油等；j 代表城市交通的车辆类型，比如私家车、出租车、载货汽车、公交车等，$D_{i,j}$ 代表使用 i 燃料 j 类车的总行驶里程（km）；$S_{i,j}$ 表示使用 i 燃料的 j 类车的单位里程能源消耗量（L/km）；P_i 表 i 燃料的燃油密度（kg/L）；EF_i 为 i 燃料的碳排放系数。

计算步骤为：首先需要通过国家统计年鉴或者样本采样调查方法来获取测算范围的不同类型汽车保有量。通过行政管理记录或者抽样调查车主的方式估算不同类型车辆的年行驶里程，更精确的计算方式为以使用不同能源种类的各类车辆保有量进行计算，比如需要统计使用汽油的私家车保有量和使用天然气的私家车保有量，根据不同燃油类型和车辆类型分别计算等。若无法获取更加精确的数据则可以根据当地车辆使用不同类型燃油占比来确定某一个类型车辆的使用能源类型来估算。之后需要统计不同能源类型的单位里程能源消耗量和不同能源的燃油密度，最后通过和碳排放系数相乘获得不同类型车辆的碳排放量。从而将不同类型车辆的碳排放量汇总最终得到交通运输总碳排放量。

7.2 城市温室气体核算国际标准

2012 年世界资源研究所（WRI）、城市气候领袖联盟（C40）和国际地方环境行动理事会（ICLEI）共同发布了首个城市温室气体排放核算和报告通用标准：《城市温室气体核算国际标准》（Global protocol for Community scale Greenhouse Gas Emission inventories，GPC）。在此之前，全球城市的碳排放核算缺乏统一的标准，这对城市和地方的温室气体排放数据的整合造成困难，GPC 公布后给全球的城市温室气体排放计算和报告方式提供统一的标准。目前已经有 100 多个城市使用了 GPC 计算温室气体排放，涉及地区有非洲、欧洲、美洲、大洋洲等。

GPC 的公布旨在协助城市支持规划气候行动，制定完整且强有力的温室气体核算清单，协助城市制定温室气体核算基准年和减排目标，遵循国际公认的温室气体核算和报告原则，确保城市间维持一定且透明的温室气体排放量测量报告。

GPC 对温室气体的碳源和碳汇做了分类，总共分为 5 个部分：能源活动、工业生产过程、农业活动、土地利用变化及林业和废弃物处理，其中除了土地利用变化和林业既是碳源又是碳汇，其余都是碳源。以能源活动中的交通运输为例，GPC 中按照运输方式对运输部门的排放源进行了分类，包括：道路交通、铁路、水运、航空、越野运输。不同的国家和城市对每个交通运输方式大类下的子类划分方式不一样，所以每个城市需要根据实际情况确定每种运输方式下的子类。GPC 中对交通运输碳排放做了范围的分类和界定。

范围一：城市交通产生的碳排放。指在城市范围边界内客运和货运直接产生的碳排放，为移动源的直接排放。

范围二：城市交通用电网供电的排放。指给电动汽车供电的发电厂的发电过程所产生的碳排放，需要根据城市边界内充电站的消耗量来统计。

范围三：城市边界外的跨界运输碳排放，以及电网给电动汽车供电过程的输电和配电损失。包括始发站在城市边界内、终止站在城市边界外的运输过程，以及始发站在边界外、终止站在边界内的运输过程，上述两种运输过程的城市边界外的碳排放应包含在范围三中。

GPC 也提供了对以上 3 个范围进行精确界定的方式，具体如下：

本地燃料销售法。计算城市地理边界内销售的所有交通燃料产生的排放，GPC 认为只要是在城市边界内出售的加油站燃料，无论是否在城市地理边界内使用都应属于范围一。

诱发活动法。计算统计在城市地理边界内的交通活动产生的碳排放以及始于和终于该城市地理边界内的跨城市交通排放量的 50%，不包含过境交通的碳排放（起点和终点都不属于该城市地理边界内），该方法适用于异地车辆多、过境交通少的地区。

地理边界法。只计算发生在城市地理边界内的交通产生的碳排放，不考虑车辆的注册地，包含过境交通的碳排放量，该方法适用于异地车辆多、本地车辆跨边界出行少的地区。

居民活动法。按车辆 / 其他交通工具的注册地划分跨边界交通排放归属，该方法适用于异地车辆少、过境交通少的地区。

GPC 中对交通运输碳排放计算提出了两种计算方式，同 IPCC 的计算逻辑相同，分为"自上而下"和"自下而上"两种方法。其中自上而下法的计算方式同 IPCC 提供的方式相同（公式 7-2），都是根据燃料销售量和相应燃料的碳排放系数相乘得到碳排放量。具体操作步骤为：首先，确定范围。基本采取上述的本地燃料销售法，即无论燃料实际使用地在哪都属于本范围。

中国城市"双碳"情景与路径

其次，统计城市边界内销售的燃料总量，可以通过燃料分配设施、燃料分销商或者燃料销售税收据获得。第三是确定每种燃料的二氧化碳排放系数。第四是将排放系数和相应的能源消费量相乘获得对应燃料的碳排放量。最终将所有类型能源的碳排放量相加汇总得到所有能源的碳排放量。

除了上述提到的自上而下法，GPC 也提供了两种自下而上法，都是基于交通活动数据和碳排放系数的计算方式，分别为 VKT 测算法和交通周转量测算方法。

① VKT 测算方法。VKT 测算方式同 IPCC 的自下而上法，具体见计算公式（7-3），计算步骤为：首先是范围确定，如果运用 VKT 测算法，可以通过居民活动法、地理边界法、诱发活动法判断范围一的碳排放数据。其次是确定车辆保有量，若使用居民活动法界定范围，则需要统计本地注册的车船信息；如果使用地理边界法界定范围，则需要统计本地和异地注册的车辆；如果使用诱发活动法来界定范围，则需要统计本地和异地注册的车辆。第三是根据不同的范围界定方法来统计年行驶里程，如果用居民活动法统计数据，则可以通过车辆年鉴、出行调查、GPS 系统获取年行驶里程；如果以地理边界法，则可以通过基于卡口 / 环线数据道路流量 GPS 法获取年行驶里程；如果以诱发活动法统计数据，则可以通过 GPS 来获取年行驶里程。第四是统计不同能源对应的碳排放系数。

② 周转量测算方法。周转量测算方法是基于不同交通类型周转量、不同交通类型的单位周转能耗和不同燃料单位能耗的碳排放因子计算获得碳排放量，其计算公式为：

$$Emission = \sum_{i,j} \left(T_{i,j} \times ET_{i,j} \times GE_{i,j} \right) \tag{7-4}$$

式中，$Emission$ 代表交通碳排放量（kg），i 代表不同的燃料，主要有汽油、柴油、天然气等，j 代表不同的交通类型，比如私家车、公交车、出租车等，T 代表交通的周转量（$T \times km$），ET 表示交通的单位周转能耗（$kg/T \times km$），GE 表示不同能源的碳排放系数。具体计算步骤为：首先是确定范围，周转量测算方法只能通过上述的居民活动法进行范围的界定；二是确定交通周转量，通过本地的周转量统计获取数据；三是获取不同能源不同类型交通的周转能耗数据。四是统计不同能源的碳排放系数；最后是相乘和相加。

7.3 其他温室气体排放清单指南

除了 IPCC 清单指南以外，为了应对气候变化带来的危害，控制全球温室气体的排放，各个国际组织机构及各国也根据自身的情况制订了相应的温室气体计算工具和方法。包括有《温室气体——组织层面量化与核查特别指引》ISO 14064-1、《2008 商品和服务在生命周期内的温室气体排放评价规范》PAS 2050、《碳中和声明规范》PAS 2060、《碳中和示范要求》INTE B5 和《省级温室气体清单编制指南》等。

1990 年成立的国际地方政府可持续发展组织，由来自 43 个国家的 200 多个地方政府共同成立，最初被称为"地方环境倡议国际理事会"（International Council for Local Environmental Initiatives）。该组织于 1993 年启动了"城市应对气候变化行动"（Cities for Climate Protection Campaign），旨在全球范围内制定减排措施。随后，在 2003 年正式更名为"地方政府可持续发展组织"（Local Governments for Sustainability），专注于为各国地方政府提供技术咨询，并致力于解决更广泛的可持续发展问题。2009 年，地方政府可持续发展组织推出了面向国家以下行政区域的温室气体排放测算方法（International Local Government GHG Emissions Analysis Protocol），并公布了部门排放清单。2010 年，地方政府可持续发展组织与加州空气资源局（California Air Resources Board）、气候变化登记处（The Climate Registry）、加州气候行动登记处（California Climate Action Registry）合作推出了最新版的《地方政府操作议定书》（Local Government Operations Protocol），对部分排放系数进行了修订。

此外，地方政府可持续发展组织还研发了用于城市减排的温室气体评估测算程序（Carbon Assessment and Calculation Program，CACP），用于计算电力、化石燃料燃烧以及废弃物处理等产生的温室气体和部分大气污染物的排放，并预测未来的排放量。通过预测结果，可以设定相应的减排目标，并跟踪减排进展，以提高地方政府的碳减排效果。根据世界资源研究所的划分模式，地方政府可持续发展组织也将排放部门划分为范围一、范围二和范围三。范围一包括在城市行政边界内直接排放的温室气体，如固定燃烧、移动燃烧、制冷剂、固体废物排放、废水处理设施、灭火设备和发电的无组织排放等；范围二则是城市外部购买的二次能源间接排放，如电力、蒸气、热电联产和输配电损失等；范围三包括除范围二之外的其他间接排放，如供应链运输等。该测算程序使用统一的排放因子，并且核算内容细致、有针对性，但由于仅提供给加入该组织的城市使用，因此使用范围比较有限。

《GRIP 温室气体地区清单议定书》由英国曼彻斯特大学研发，涵盖了欧洲和美国 200 多个大都市区。议定书分为区域和城市两部分，使得不同的城市和区域可以进行相互比较。议定书采用类似于 IPCC 排放清单的分类方法，将数据来源划分为自下而上、自上而下和介于两者之间 3 个级别。议定书的主要特点是不同部门可以采用不同水平的数据和测算方法，这有助于决策者对不同部门的排放情况进行判断和分析。它为政府统计和监测温室气体排放提供了科学依据，同时可以比较和预测城市和区域在不同年度的排放量，便于进行分析和研究。

《温室气体——组织层面量化与核查特别指引》ISO 14064-1 是国际标准化组织（International Organization for Standardization）于 2006 年发布的温室气体测量标准。该标准的目的是促进温室气体排放的交易，并授权国际标准化组织来确认和管理温室气体相关资产债务风险。该标准分为三个部分：第一部分制定了温室气体排放和减少排放的规范指南；第二部分提出了项目级别的温室气体减排和消除增长的量化、监测和报告规范；第三部分规定了温室气体的认定审查标准及操作指南。

《2008 商品和服务在生命周期内的温室气体排放评价规范》PAS2050 是英国标准协会（BSI）于 2008 年制定的能源管理体系标准。该指南基于《环境管理—生命周期评价—原则与框架》ISO 14040：2006 和《环境管理—生命周期评价—要求与指南》ISO 14044，主要用于计算核查商品和服务的"碳足迹"。所谓"碳足迹"是指产品或服务在生产、提供和消耗过程中释放的温室气体总量。该指南提供了具体的公开计算方法，可帮助企业降低能源成本、提高能源效率并减少温室气体排放。此外，该指南采用了清晰一致的评估方法，更有利于各利益相关方进行全面的碳排放评估。PAS2050 定义了两种评价模式，即 B2B 和 B2C。B2B 模式指的是企业间的评价，而使用较多的 B2C 模式指的是从企业到消费者的评价，这种模式基于全生命周期评价法，建立了商品和服务在原材料、制造、运输、储存、销售、消费者使用、再利用和废弃回收处置等全生命周期视角下的温室气体排放标准。

《碳中和声明规范》PAS 2060 是英国标准协会于 2010 年制定的关于碳中和的标准。该标准认为完全不排放温室气体是不现实的，所以实现碳中和只能通过互补和平衡的方式实现。一方面，要通过碳减排措施降低温室气体排放量；另一方面，通过碳抵消机制进行抵消，才能达到温室气体的净零排放，实现碳中和。因此，在《碳中和声明规范》描述的碳中和场景中，包括碳排放的计算、碳减排和碳抵消三个方面。通过制定碳管理计划，对特定时间范围内的碳减排行动进行决策。该标准是全球第一个提出碳中和认证的国际标准，适用于政府、企业、社区、家庭和个人，有助于提高公众消费者的碳减排实践水平。

《碳中和示范要求》INTE B5 是哥斯达黎加为实现 2021 年世界上第一个碳中和国家而发布的一项碳排放核算标准。该标准主要对私营企业和社区的温室气体排放进行核算，不适用于产品、活动、项目、城镇、城市碳中和的测定。INTE B5 标准的温室气体测算方面采用了 ISO 14064 标准第一、三部分的内容，此外在温室气体减排与碳抵消方面，哥斯达黎结合了本国温室气体排放情况进行了相应的规范制定。INTE B5 标准主要包括碳排放测算的量化、清单报告的生成与审查三个部分，在测算量化部分，针对组织采取 ISO 14064-1 标准，针对社区采取 GPC 标准，审查部分遵循 ISO 14064-3、ISO 14065 和 ISO 14066 标准。

作为《联合国气候变化框架公约》缔约国之一，中国需要向国际上报告碳排放信息。为了提升中国省级温室气体清单的编制能力，2007 年，国家发展和改革委员会调动了众多来自研究中心、研究所和高校的专家，以《IPCC 国家温室气体清单指南》中的计算方法为理论基础，编制适用于中国国情的温室气体排放清单指南。2011 年正式发布了《省级温室气体清单编制指南》，该指南在省级层面对温室气体的排放进行了详细规定，包括细化省级温室气体排放清单的确立，以实现省级温室气体排放权的交易机制并提供更合理的减排对策等内容。

《省级温室气体清单编制指南》分为能源活动、工业生产过程、农业、土地利用变化和林业、荒弃物处理、废弃物办理、不确定性及质量保证和质量控制等7个部分。该指南具有广泛适用性，便于制定统一规划、考核和统计监测。在具体排放部门方面，《省级温室气体清单编制指南》规定了排放源的界定、排放因子的确定、活动数据的收集以及排放量的计算方法选择等内容，标准化了统计指标和统计制度。

第 8 章　城市碳排放核算模型构建

8.1　研究方法与步骤

8.2　城市碳排放系统动力学模型构建

8.1 研究方法与步骤

系统动力学研究问题的特征包括动态性和反馈机制。研究的复杂系统中的变量会随着时间的变化而改变，并且各要素之间存在反馈关系，单个要素的变化会影响其他要素，形成动态的反馈回路。在研究大城市碳排放系统时，可以使用系统动力学理论对经济、社会、能源、环境等子系统间的动态作用关系与反馈结果进行比较，以选择有利于实现低碳规划的策略。在这个方面，借助 Vensim 软件可以实现建模和进行系统的动态模拟。

系统的变量有多种类型，常用的包括状态变量、速率变量、辅助变量和常量。状态变量具有累积特性，可以决定系统的行为，并且随着时间的推移发生动态变化。速率变量可以直接影响状态变量的值，反映状态变量的输入或输出速率。辅助变量是通过其他变量计算生成的，当前值与历史值是相互独立的，可以提供有用的信息来帮助理解系统的动态行为。常量是固定值，不会随时间或场景的不同而变化。

根据系统动力学的实践与应用步骤原理，建立一个系统动力学模型可以分为 4 个步骤。首先，要明确研究的问题，确定问题的范围，确定系统的边界和结构，并澄清与该问题相关的各个变量；第二步是梳理各个变量之间的关系，构建一个基于变量之间相互影响的反馈回路的动力学模型；第三步是将系统内部的变量关系进行逻辑化，并利用软件构建计算模型；第四步是将模型的结果与现有的实际数据进行对比，以评估模型的误差，并验证该数学模型的准确性和可靠性。

基于以上的原理，在对大城市的碳排放系统进行模拟研究时，首先应明确研究的问题，即确定城市的减碳潜力及其影响因素，并选择实现碳达峰最有效的规划策略；第二步是构建城市减碳影响因素之间的关联网络，以表示变量之间的作用关系；第三步是借助 Vensim 软件建立各变量之间的关联网络的数学模型；最后，通过对模型的历史性检验，对模型的整体结构和相关变量的参数进行试验和调整，得到精确有效的碳排放模型。

在城市碳排放的系统动力学模型中，将系统的空间边界设定为北京、上海、天津、重庆 4 个城市，时间边界设置为 2011—2030 年，模拟的基准年份为 2011 年，历史数据年份为 2012—2020 年，时间步长设置为 1 年。

8.2 城市碳排放系统动力学模型构建

8.2.1 城市碳排放影响因素因果关系分析

确定系统结构是一个复杂的过程，涉及不同的子系统设定。根据现有文献的总结和已达峰国家和城市的经验，社会经济、能源结构和环境碳汇能力是影响城市碳排放的主要因素。本书从城市系统的角度出发，结合城市特性，重点提取经济、人口、能源和环境4个因素作为整个碳排放系统中的子系统。系统动力学的各个子系统之间存在着紧密的关联，相互制约又相互促进，通过一定的因果关系和信息共享等方式，不断促进整个系统的平稳协调发展。

经济子系统主要涉及地区生产总值、三次产业产值和产业结构等。城市经济发展高度依赖产业，而产业发展需要大量能源，不同城市的产业结构不同，这导致能源消耗和碳排放也有所不同。经济子系统对能源和环境子系统有影响，例如，第二产业比重增加会导致能源消耗量大幅增加，同时环境质量降低。然而，经济发展水平高也意味着对科技和教育的投入更多，有利于低碳和环保技术的创新，从而减少碳排放。

社会子系统主要涉及常住人口规模。人口规模越大，居民的生活性能源消耗就越大，从而产生的碳排放也越多，加剧了环境污染。然而，环境的污染也会促使人们增加对环保的投入。因此，社会子系统直接影响能源子系统，进而间接影响环境子系统。

能源子系统主要包括生活性能源消耗和生产性能源消耗两个部分。生活性能源消耗是指居民日常的能源消耗，如用水用电、交通出行和饮食消费。控制人口数量和人均生活能源消费是减少生活性能源消耗的关键。生产性能源消耗在城市能源消耗中占主导地位，与三次产业的单位 GDP 能耗和产值相关。能源子系统受经济和社会子系统的影响，直接作用于环境子系统。煤炭等化石能源的消耗比重越大，其燃烧产生的碳排放就越多，环境质量也会降低。在城市碳排放系统中，我们选取了煤炭、原油、焦炭等八种燃料，通过不同的燃料消耗比例和碳排放系数来计算其碳排放量。

环境子系统涉及城市的碳汇能力，这与城市中的林地、耕地和绿地等面积以及人为技术的影响有关。碳汇能力越强，城市吸收与抵消的碳排放量就越多，净碳排放量就越少。

如图 8-1 所示，在城市碳排放系统中，存在着不同的因果反馈回路，其中较为主要的反馈回路梳理如下，其中的（+）代表正向促进，（-）代表逆向减少：

回路 1：能源消耗总量→+城市碳排放→-环境质量→+经济发展→+三次产业产值→+三次产业能源消耗→+生产性能源消耗→+能源消耗总量

回路 2：经济发展→+科技投入→-三次产业能源消耗→+生产性能源消耗→+能源消

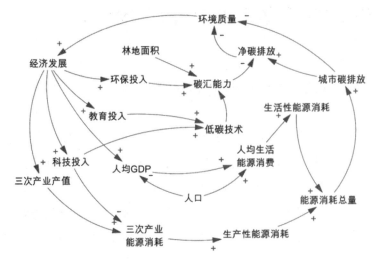

图 8-1　城市碳排放系统因果反馈图

耗总量→ + 城市碳排放→ – 环境质量→ + 经济发展

　　回路 3：环境质量→ + 经济发展→ + 环保投入→ + 碳汇能力→ – 净碳排放→ – 环境质量

　　回路 4：人均 GDP → + 人均生活能源消费→ + 生活性能源消耗→ + 能源消耗总量→ + 城市碳排放→ – 环境质量→ + 经济发展→ + 人均 GDP

　　根据以上因果反馈回路可以初步认识到城市碳排放系统中经济、能源、社会和环境 4 个子系统之间的复杂关系。可以发现能源消耗总量的增加会导致城市碳排放的增加，同时对环境质量产生负面影响。同时，环境质量越好，越有利于提高经济效益，促进三次产业产值提升，进而产生更多生产性能源消耗。另外，经济发展水平越高，对低碳创新科技和环境保护的财政投入也会越高，从而减少三次产业的能源消耗，减少生产性能源消耗，增加城市碳排放，提高城市的碳汇能力，从而降低净碳排放。此外，人均 GDP 越高，居民的人均生活能源消费越高，生活性能源消耗总量就会提高，进而增加城市碳排放等。

8.2.2　城市碳排放系统动力学流程图构建

　　在简单因果反馈回路的基础上，我们选择具体指标来详细说明反馈机制和回路，构建了各子系统之间的客观联系，建立了大城市碳排放的系统动力学模型。该模型涉及 73 个变量，包括 GDP、常住人口、碳汇能力、林地面积和耕地面积等 5 个状态变量；GDP 增长量、人口变化量、碳汇变化量、林地面积变化量和耕地面积变化量等 5 个速率变量；GDP 增长率、人均 GDP、第一产业占比等 53 个辅助变量，以及原煤炭碳排放系数、耕地碳吸收强度、林地碳吸收强度等 10 个常量（图 8-2、表 8-1）。

　　　　　　　　　　　　　　　　　　　　　　中国城市"双碳"情景与路径

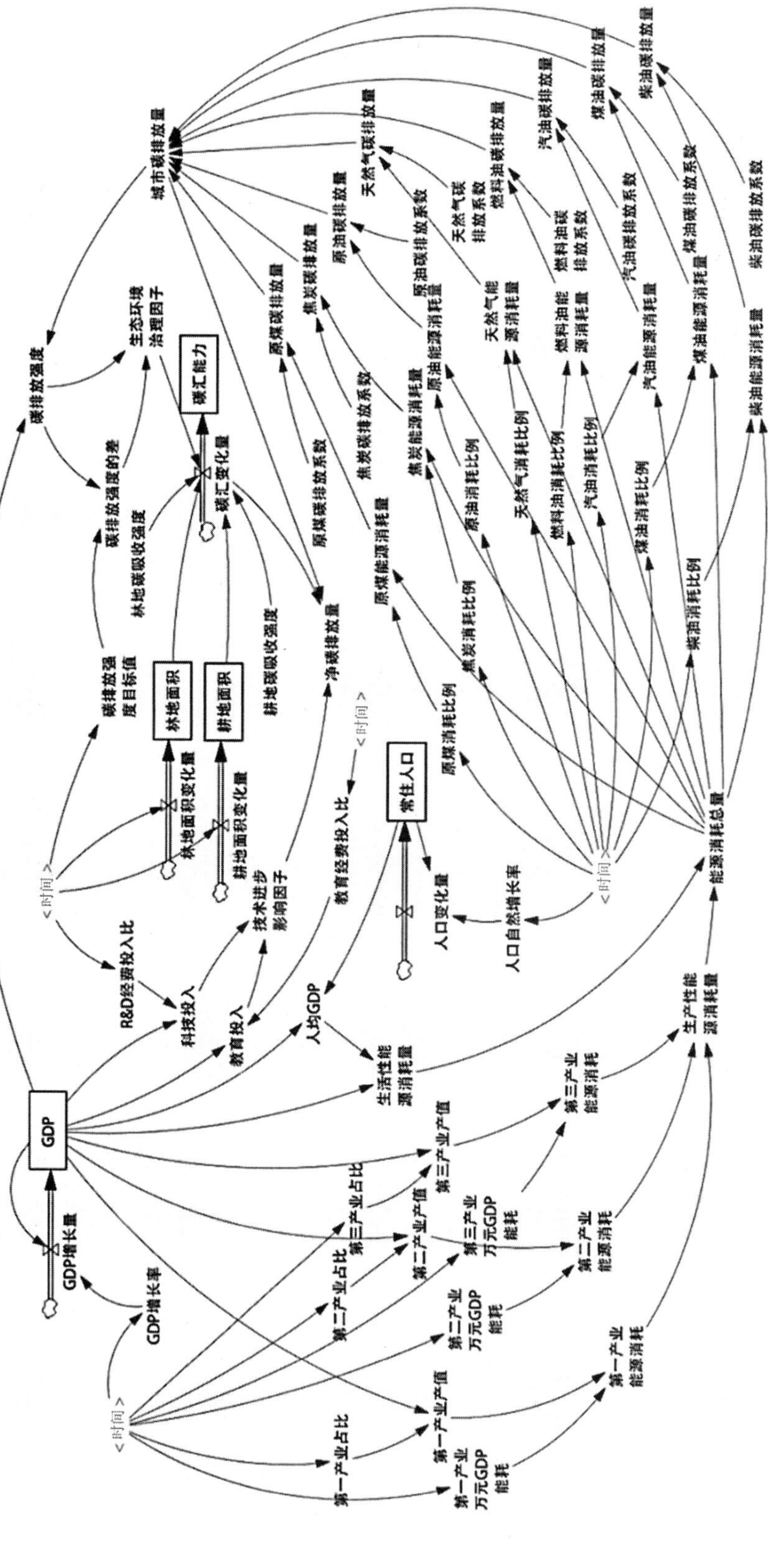

图 8-2　城市碳排放系统动力学流程图

表8-1

城市碳排放模拟模型涉及变量

变量名称	变量性质	单位	变量名称	变量性质	单位	变量名称	变量性质	单位
GDP增长率	辅助变量	%	生活性能源消耗量	辅助变量	万t	汽油能源消耗量	辅助变量	万t
GDP增长量	速率变量	亿元	能源消耗总量	辅助变量	万t	煤油能源消耗量	辅助变量	万t
GDP	状态变量	亿元	生态环境治理因子	辅助变量	/	柴油能源消耗量	辅助变量	万t
人均GDP	辅助变量	万元	原煤碳排放系数	常量	/	原煤碳排放量	辅助变量	万t
第一产业占比	辅助变量	%	焦炭碳排放系数	常量	/	焦炭碳排放量	辅助变量	万t
第二产业占比	辅助变量	%	原油碳排放系数	常量	/	原油碳排放量	辅助变量	万t
第三产业占比	辅助变量	%	天然气碳排放系数	常量	/	天然气碳排放量	辅助变量	万t
第一产业万元GDP能耗	辅助变量	t/万元	燃料油碳排放系数	常量	/	燃料油碳排放量	辅助变量	万t
第二产业万元GDP能耗	辅助变量	t/万元	汽油碳排放系数	常量	/	汽油碳排放量	辅助变量	万t
第三产业万元GDP能耗	辅助变量	t/万元	煤油碳排放系数	常量	/	煤油碳排放量	辅助变量	万t
第一产业产值	辅助变量	亿元	柴油碳排放系数	常量	/	柴油碳排放量	辅助变量	万t
第二产业产值	辅助变量	亿元	原煤消耗比例	辅助变量	%	城市碳排放量	辅助变量	万t
第三产业产值	辅助变量	亿元	焦炭消耗比例	辅助变量	%	碳排放强度	辅助变量	万t/亿元
第一产业能源消耗	辅助变量	万t	原油消耗比例	辅助变量	%	碳排放强度与目标的差	辅助变量	万t/亿元
第二产业能源消耗	辅助变量	万t	天然气消耗比例	辅助变量	%	碳排放强度目标值	辅助变量	万t/亿元
第三产业能源消耗	辅助变量	万t	燃料油消耗比例	辅助变量	%	碳汇能力	状态变量	万t
R&D经费投入比	辅助变量	%	汽油消耗比例	辅助变量	%	净碳排放量	速率变量	万t
科技投入	辅助变量	亿元	煤炭消耗比例	辅助变量	%	林地面积	辅助变量	万t
技术进步影响因子	辅助变量	/	柴油消耗比例	辅助变量	%	林地面积	状态变量	万hm²
教育投入	辅助变量	亿元	原煤能源消耗量	辅助变量	万t	耕地面积	状态变量	万hm²
教育经费投入比	辅助变量	%	焦炭能源消耗量	辅助变量	万t	林地面积变化量	速率变量	万hm²
常住人口	状态变量	万人	原油能源消耗量	辅助变量	万t	耕地面积变化量	速率变量	万hm²
人口自然增长率	辅助变量	‰	天然气能源消耗量	辅助变量	万t	林地碳吸收强度	常量	/
人口变化量	速率变量	万人	燃料油能源消耗量	辅助变量	万t	耕地碳吸收强度	常量	/
生产性能源消耗量	辅助变量	万t						

8.2.3 模型主要数学公式

模型中获取参数的方式有多种，包括回归分析法、表函数法、灰色预测法和参考已有文献中的经验值。例如，对于生活性能源消耗的公式参数，可以通过对统计年鉴中现有数据进行多元回归分析，建立与 GDP 和人均 GDP 的关系来获取。而人口自然增长率、GDP 增长率等数据则可以通过表函数法，将统计年鉴中 2011—2020 年的数据输入模型中作为参数，而2021—2030 年的参数则可以通过回归分析法或灰色预测法得出。关于技术进步影响因子和生态环境治理因子等参数，则可以通过对模型进行不断测试来获取。至于各类能源碳排放系数和耕地碳吸收强度等常量，则可以借鉴现有文献中的经验值。在将各变量的参数输入 Vensim中后，可以不断调整和优化模型，使碳排放的模拟值接近于历史值。

8.2.4 模型有效性检验

（1）运行检验

运行检验是将现有数据和参数代入后直接运行所构建的碳排放系统模型，检验模型内部各变量间的关系及其数学表达式是否成立，并验证因果关系图和存量流量流程图的合理性。直观运行模型，通过 Vensim-PLE 软件自带的模型检验功能，对碳排放系统的方程式及量纲的合理性进行检验。检验结果显示模型模拟过程中未出现错误，试运行过程流畅，系统结构和系统行为稳定且无非正常结果出现。因此，本书所构建的城市碳排放系统动力学模型符合逻辑且运行有效。

（2）历史检验

系统动力学模型的历史检验是在试运行模型后将所得模拟值与现实中的实际数据进行比较（如公式 8-1），式中 ε 表示模型模拟值与实际值的误差；Y' 为模型模拟值；Y 为实际值。一般认为变量误差的绝对值小于 15% 的模型模拟结果较为可靠。

$$\varepsilon = \frac{Y'-Y}{Y} \times 100 \qquad (8-1)$$

选取模型中的 GDP、能源消耗总量、城市碳排放 3 个参数进行历史检验，结果见表 8-2~表 8-4。历史检验结果表明，所选参数模拟误差的绝对值均小于 15%，在系统动力学模型的误差允许范围内，城市碳排放系统模拟模型通过有效性检验，其模拟结果具有参考价值，可以进一步通过调节参数进行情景模拟实验，有助于模拟研究以上海、北京、天津、重庆为代表的大城市碳排放变化趋势及碳达峰时间，为制定"双碳"目标下城市低碳规划与政策提供参考。

结果表明，该模型能够无报错直观运行，并且历史检验的误差均在允许范围内，具有良好稳定性，能够对城市的实际碳排放系统进行模拟和指导，对低碳规划及相关双碳政策的制定具有参考价值。

表 8-2

GDP 历史检验结果

年份	上海 GDP（亿元）			北京 GDP（亿元）			天津 GDP（亿元）			重庆 GDP（亿元）		
	历史值	模拟值	误差（%）	历史值	模拟值	误差（%）	历史值	模拟值	误差（%）	历史值	模拟值	误差（%）
2011	20009.68	20009.7	0.00	17188.8	17188.8	0.00	8112.51	8112.51	0.00	10161.17	10161.2	0.00
2012	21305.59	21670.5	1.71	19024.7	18581.1	-2.33	9043.02	9199.59	1.73	11595.37	11827.6	2.00
2013	23204.12	23295.8	0.40	21134.6	20011.8	-5.31	9945.44	10239.1	2.95	13027.6	13436.2	3.14
2014	25269.75	25136.2	-0.53	22926	21552.8	-5.99	10640.62	11273.3	5.95	14623.78	15088.8	3.18
2015	26887.02	26920.8	0.13	24779.1	23147.7	-6.58	10879.51	12118.8	11.39	16040.54	16733.5	4.32
2016	29887.02	28805.3	-3.62	27041.2	24744.8	-8.49	11477.2	12955	12.88	18023.04	18574.2	3.06
2017	32925.01	30792.8	-6.48	29883	26452.2	-11.48	12450.56	13732.3	10.29	20066.29	20561.7	2.47
2018	36011.82	32948.3	-8.51	33106	28251	-14.67	13362.92	14199.2	6.26	21588.8	22473.9	4.10
2019	37987.55	35188.8	-7.37	35445.1	30143.8	-14.96	14055.46	14682	4.46	23605.77	23822.3	0.92

表 8-3

能源消耗总量历史检验结果

年份	上海能源消耗总量（万 t）			北京能源消耗总量（万 t）			天津能源消耗总量（万 t）			重庆能源消耗量（万 t）		
	历史值	模拟值	误差（%）	历史值	模拟值	误差（%）	历史值	模拟值	误差（%）	历史值	模拟值	误差（%）
2011	11270.48	10608.2	-5.88	6397.3	6435.66	0.60	6781.35	6552.91	-3.37	6524.65	6576.69	0.80
2012	11362.15	10808.4	-4.87	6564.1	6425.68	-2.11	7325.56	7174.7	-2.06	7022.25	7113.38	1.30
2013	11345.69	10903.2	-3.90	6723.9	6418.3	-4.54	7881.83	7939.11	0.73	5906.4	6047.05	2.38
2014	11084.63	10760.7	-2.92	6831.23	6453.37	-5.53	8145.06	8457.13	3.83	6632.88	6691.56	0.88
2015	11387.44	11070.1	-2.79	6852.55	6421.25	-6.29	8260.13	8991.87	8.86	6935.18	6965.32	0.43

中国城市"双碳"情景与路径

年份	上海能源消耗总量（万t）			北京能源消耗总量（万t）			天津能源消耗总量（万t）			重庆能源消耗总量（万t）		
	历史值	模拟值	误差（%）	历史值	模拟值	误差（%）	历史值	模拟值	误差（%）	历史值	模拟值	误差（%）
2016	11712.39	10939.8	-6.60	6961.7	6406.27	-7.98	8078.28	8816.74	9.14	6943.29	6972.71	0.42
2017	11381.85	10733.1	-5.70	7132.84	6329.42	-11.26	7831.72	8460.1	8.02	5991.75	6320.77	5.49
2018	11453.73	10595.7	-7.49	7269.76	6326.32	-12.98	7973.29	8380.68	5.11	6391.55	6915.57	8.20
2019	11696.46	11121.5	-4.92	7360.32	6422.24	-12.75	8240.7	8651.16	4.98	6401.86	6717.46	4.93

城市碳排放量历史检验结果

表 8-4

年份	上海碳排放量（万t）			北京碳排放量（万t）			天津碳排放量（万t）			重庆碳排放量（万t）		
	历史值	模拟值	误差（%）	历史值	模拟值	误差（%）	历史值	模拟值	误差（%）	历史值	模拟值	误差（%）
2011	20149.48	19870.4	-1.39	9531.082	10615.9	11.38	15428.94	14282.3	-7.43	16660.57	14722.3	-11.63
2012	19592.65	20028	2.22	9799.804	10675.8	8.94	16032.54	14773	-7.86	17164.58	14663.5	-14.57
2013	20763.37	21168.4	1.95	9407.098	10142.4	7.82	15965.15	15319.6	-4.04	14912.16	13895.7	-6.82
2014	19422	19864.6	2.28	9325.545	10137.2	8.70	15810.52	15677.1	-0.84	16289.68	14061.5	-13.68
2015	19532.38	20266.5	3.76	9276.3	10050.5	8.35	15435.31	16395.3	6.22	16419.67	14364.5	-12.52
2016	19470.99	19997.8	2.71	8998.181	9659.87	7.35	14894.59	16143.3	8.38	15658.2	15217.6	-2.81
2017	19615.36	20769.9	5.89	8556.048	9171.4	7.19	14399.1	16282.6	13.08	16054.98	15161.1	-5.57
2018	19064.17	19353.6	1.52	8840.907	9426.78	6.63	15433.68	16370.3	6.07	16060.43	14693.6	-8.51
2019	19291.22	20279.6	5.12	8815.543	9489.5	7.65	15846.65	16416	3.59	15625.47	14794.6	-5.32

第 9 章　城市发展多要素趋势模拟

根据前面章节所建立的系统动力学模拟模型，本章将以 2011 年为起始年，2020 年为基础数据年份，2030 年为终止年，对北京、上海、天津、重庆 4 个城市进行不同要素的趋势模拟。本章将从经济、人口、能源、环境及总体碳排放 5 个方面选取 GDP、能源消耗总量、城市碳排放总量和净碳排放量 4 个指标进行模拟分析。

9.1 研究区域与数据来源

9.1.1 研究区域及其基本情况

本书选择了北京、上海、天津和重庆这 4 个具有代表性的城市作为研究对象。这些城市都是我国的直辖市，也是超大城市。同时，它们在地理位置、经济发展水平和产业结构等方面又存在一定的差异，是良好的研究样本。

北京是中国的首都，政治和文化中心，位于华北平原的北部，与天津市接壤，其余方向与河北省毗邻。截至 2021 年底，北京市常住人口达到 2188.6 万，全年 GDP 总量达到了 40269.6 亿元，人均 GDP 达到 18.4 万元。2012 年，北京被选为国家低碳试点城市之一，这标志着北京在低碳发展和可持续城市建设方面迈出了重要一步。近年来，北京在产业发展和经济结构转型方面取得了显著成效，第三产业已经成为全市经济增长的主要驱动力，其占 GDP 的比重从 2005 年的 70.1% 增至 2021 年的 81.7%。这种产业结构的转型不仅促进了经济的可持续发展，也为城市的低碳转型奠定了基础。同时，北京的能源消费结构也在不断优化，自 2005 年以来，煤炭消费比重从 31.6% 显著下降到 2021 年的 1.5%，已基本实现了传统能源向清洁能源的转型，清洁能源的广泛应用不仅降低了碳排放，也提高了城市的空气质量和环境健康水平。

上海是中国的国际经济、金融和贸易中心，位于中国华东地区，太平洋西岸，是长三角地区的核心城市。这一地理位置使上海成为中国与世界经济接轨的重要窗口。截至 2021 年底，上海市常住人口 2489.43 万，全年 GDP 达 43214.85 亿元，人均 GDP 达到 17.36 万元，反映出较高的经济发展水平。在产业结构方面，上海的第三产业已经占据了主导地位，截至 2021 年，第三产业占 GDP 的比重达到 73.3%。现代服务业在上海蓬勃发展，涵盖了金融、物流、信息技术、专业服务等多个领域，成为推动城市经济增长的重要引擎。能源消费结构方面，上海正在逐步实现能源消费的转型，从 2005 年到 2020 年，上海的煤炭消费比重从 50.4% 显著下降至 31%。这表明上海在减少煤炭依赖、提高能源效率、推动清洁能源和可再生能源使用方面取得了显著进展。

天津是中国北方的航运和物流中心，也是现代制造业的重要基地，在区域经济发展和国家产业布局中具有重要地位。截至 2021 年底，天津市的常住人口约为 1373 万，全年 GDP 达 15695.05 亿元，体现了天津作为工业和经济重镇的实力。人均 GDP 达到 11.37 万元，显示出较高的经济发展水平。在产业结构方面，天津的第三产业占据了显著份额，截至 2021 年，第三产业占 GDP 的比重 61.3%。这一比例表明服务业在天津的经济发展中发挥了重要作用，涵盖了金融、物流、信息技术、商业服务等多个领域，为城市经济的多元化和可持续发展提供了有力支撑。在能源消费结构方面，天津市也在积极推进能源结构优化，2021 年煤炭占一次能源消费的比重为 42.9%，相比 2016 年降低了 7.1 个百分点。这一变化反映了天津在减少煤炭依赖、提高能源效率以及增加清洁能源和可再生能源使用方面取得的显著进展。

重庆是中国长江中上游地区的重要经济、航运和商贸物流中心，位于中国内陆地区的西南部，是连接西南部地区的门户枢纽。重庆市占地面积约为 8240km²，截至 2021 年底，常住人口达到了 3212.43 万，全年 GDP 达到了 27894.02 亿元，人均 GDP 为 8.69 万元。在产业结构方面，第三产业已经成为重庆经济的重要支柱，占 GDP 的比重达到 53%。这一比例表明服务业在推动城市经济增长方面发挥了关键作用，为城市经济的多元化发展提供了有力支撑。能源结构方面，重庆市也在逐步优化其能源消耗结构，2021 年全市的煤炭能源消耗占比为 44.3%。

9.1.2　数据来源

本书涉及的社会经济发展、人口、能源、环境等方面的数据均源于各市及国家的统计年鉴或统计公报。这些数据提供了研究所需的基础信息，确保了数据来源的权威性和可靠性。

具体来说，人口自然增长率、GDP 增长率、三次产业占比、研究与试验发展（R&D）经费投入比、教育经费投入比等数据，参考了《北京市统计年鉴（2012—2021）》《上海市统计年鉴（2012—2021）》《天津市统计年鉴（2012—2021）》和《重庆市统计年鉴（2012—2021）》。这些统计年鉴提供了详尽的历史数据，使得我们可以准确分析这些城市在不同年份的经济和社会发展情况。

在处理能源数据时，标准化处理采用的系数均参考自《中国能源统计年鉴》中公布的各种能源折标准煤参考系数。这些系数用于将不同类型的能源数据转换为标准煤当量，以便进行统一的比较和分析。此外，8 种不同类型能源消费数据来自中国碳核算数据库公开的省级能源清单。

碳排放数据来源于中国碳核算数据库的《1997—2019 年 290 个中国城市碳排放清单》。这一清单涵盖了大量城市的碳排放数据，为研究提供了丰富的历史数据基础。此外，各项能源指标的碳排放因子数据也来自于计算出这一碳排放清单的学者的研究。这些因子数据用于估算不同类型能源在消耗过程中产生的碳排放量，确保了碳排放估算的准确性。

9.2　城市碳排放的趋势模拟

根据前面章节所建立的系统动力学模拟模型，本章将以 2011 年为起始年，2020 年为基础数据年份，对北京、上海、天津、重庆 4 个城市在 GDP、能源消耗总量、城市碳排放量 3 个要素上进行模拟，并最终计算出净碳排放量，模拟的终点时间均设置为 2030 年。

9.2.1　对模型计算结果的检验

首先要对系统动力学模型的模拟结果的准确性进行检验，方法是将模拟值与现实数据进行比较，如公式（9-1）所示，式中 ε 表示模型模拟值与实际值的误差；Y' 为模型模拟值；Y 为实际值。一般认为变量误差的绝对值小于 15% 的模型模拟结果较为可靠。

$$\varepsilon = \frac{Y'-Y}{Y} \times 100 \qquad (9-1)$$

选取模型计算所得的 GDP、能源消耗总量、城市碳排放 3 个结果，用 4 个城市的真实历史值进行检验，结果见表 9-1 ～表 9-6。检验结果表明，模拟所得的结果与真实值的误差绝对值均小于 15%，在系统动力学模型的误差允许范围内，说明城市碳排放系统模拟模型的准确性是比较高的，其模拟结果具有科学性。

对 GDP 模拟结果的检验（北京、上海）　　　　　　　　　　　　　　表 9-1

年份	北京 GDP（亿元）			上海 GDP（亿元）		
	历史值	模拟值	误差（%）	历史值	模拟值	误差（%）
2011	17188.8	17188.8	0.00	20009.68	20009.7	0.00
2012	19024.7	18581.1	−2.33	21305.59	21670.5	1.71
2013	21134.6	20011.8	−5.31	23204.12	23295.8	0.40
2014	22926	21552.8	−5.99	25269.75	25136.2	−0.53

年份	北京 GDP（亿元）			上海 GDP（亿元）		
	历史值	模拟值	误差（%）	历史值	模拟值	误差（%）
2015	24779.1	23147.7	−6.58	26887.02	26920.8	0.13
2016	27041.2	24744.8	−8.49	29887.02	28805.3	−3.62
2017	29883	26452.2	−11.48	32925.01	30792.8	−6.48
2018	33106	28251	−14.67	36011.82	32948.3	−8.51
2019	35445.1	30143.8	−14.96	37987.55	35188.8	−7.37

对 GDP 模拟结果的检验（天津、重庆）　　　　　　　　　　　　表 9-2

年份	天津 GDP（亿元）			重庆 GDP（亿元）		
	历史值	模拟值	误差（%）	历史值	模拟值	误差（%）
2011	8112.51	8112.51	0.00	10161.17	10161.2	0.00
2012	9043.02	9199.59	1.73	11595.37	11827.6	2.00
2013	9945.44	10239.1	2.95	13027.6	13436.2	3.14
2014	10640.62	11273.3	5.95	14623.78	15088.8	3.18
2015	10879.51	12118.8	11.39	16040.54	16733.5	4.32
2016	11477.2	12955	12.88	18023.04	18574.2	3.06
2017	12450.56	13732.3	10.29	20066.29	20561.7	2.47
2018	13362.92	14199.2	6.26	21588.8	22473.9	4.10
2019	14055.46	14682	4.46	23605.77	23822.3	0.92

对能源消耗总量模拟的检验（北京、上海）　　　　　　　　　表 9-3

年份	北京能源消耗总量（万 t）			上海能源消耗总量（万 t）		
	历史值	模拟值	误差（%）	历史值	模拟值	误差（%）
2011	6397.3	6435.66	0.60	11270.48	10608.2	−5.88
2012	6564.1	6425.68	−2.11	11362.15	10808.4	−4.87
2013	6723.9	6418.3	−4.54	11345.69	10903.2	−3.90
2014	6831.23	6453.37	−5.53	11084.63	10760.7	−2.92
2015	6852.55	6421.25	−6.29	11387.44	11070.1	−2.79
2016	6961.7	6406.27	−7.98	11712.39	10939.8	−6.60
2017	7132.84	6329.42	−11.26	11381.85	10733.1	−5.70
2018	7269.76	6326.32	−12.98	11453.73	10595.7	−7.49
2019	7360.32	6422.24	−12.75	11696.46	11121.5	−4.92

年份	天津能源消耗总量（万 t）			重庆能源消耗总量（万 t）		
	历史值	模拟值	误差（%）	历史值	模拟值	误差（%）
2011	6781.35	6552.91	−3.37	6524.65	6576.69	0.80
2012	7325.56	7174.7	−2.06	7022.25	7113.38	1.30
2013	7881.83	7939.11	0.73	5906.4	6047.05	2.38
2014	8145.06	8457.13	3.83	6632.88	6691.56	0.88
2015	8260.13	8991.87	8.86	6935.18	6965.32	0.43
2016	8078.28	8816.74	9.14	6943.29	6972.71	0.42
2017	7831.72	8460.1	8.02	5991.75	6320.77	5.49
2018	7973.29	8380.68	5.11	6391.55	6915.57	8.20
2019	8240.7	8651.16	4.98	6401.86	6717.46	4.93

对碳排放总量模拟的检验（北京、上海）　　　　　表 9-5

年份	北京碳排放总量（万 t）			上海碳排放总量（万 t）		
	历史值	模拟值	误差（%）	历史值	模拟值	误差（%）
2011	9531.082	10615.9	11.38	20149.48	19870.4	−1.39
2012	9799.804	10675.8	8.94	19592.65	20028	2.22
2013	9407.098	10142.4	7.82	20763.37	21168.4	1.95
2014	9325.545	10137.2	8.70	19422	19864.6	2.28
2015	9276.3	10050.5	8.35	19532.38	20266.5	3.76
2016	8998.181	9659.87	7.35	19470.99	19997.8	2.71
2017	8556.048	9171.4	7.19	19615.36	20769.9	5.89
2018	8840.907	9426.78	6.63	19064.17	19353.6	1.52
2019	8815.543	9489.5	7.65	19291.22	20279.6	5.12

对碳排放总量模拟的检验（天津、重庆）　　　　　表 9-6

年份	天津碳排放总量（万 t）			重庆碳排放总量（万 t）		
	历史值	模拟值	误差（%）	历史值	模拟值	误差（%）
2011	15428.94	14282.3	−7.43	16660.57	14722.3	−11.63
2012	16032.54	14773	−7.86	17164.58	14663.5	−14.57
2013	15965.15	15319.6	−4.04	14912.16	13895.7	−6.82
2014	15810.52	15677.1	−0.84	16289.68	14061.5	−13.68
2015	15435.31	16395.3	6.22	16419.67	14364.5	−12.52
2016	14894.59	16143.3	8.38	15658.2	15217.6	−2.81
2017	14399.1	16282.6	13.08	16054.98	15161.1	−5.57
2018	15433.68	16370.3	6.07	16060.43	14693.6	−8.51
2019	15846.65	16416	3.59	15625.47	14794.6	−5.32

9.2.2 对未来变化趋势的模拟

（1）GDP 变化趋势模拟

采用模型对北京、上海、天津和重庆 4 个城市在现有发展趋势下的 GDP 增长情况进行模拟，结果如表 9-7、图 9-1 所示，发现 4 个城市都呈现持续增长的趋势。到 2030 年，上海的 GDP 总量最高，达到 55975.7 亿元，其次是北京的 47208.3 亿元，重庆的 37125.6 亿元和天津的 19078.9 亿元。其中，天津的 GDP 增幅最缓。

北京、上海、天津、重庆现有发展趋势下 GDP 模拟表   表 9-7

年份	北京	上海	天津	重庆
	GDP（亿元）	GDP（亿元）	GDP（亿元）	GDP（亿元）
2011	17188.8	20009.7	8112.51	10161.2
2012	18581.1	21670.5	9199.59	11827.6
2013	20011.8	23295.8	10239.1	13436.2
2014	21552.8	25136.2	11273.3	15088.8
2015	23147.7	26920.8	12118.8	16733.5
2016	24744.8	28805.3	12955	18574.2
2017	26452.2	30792.8	13732.3	20561.7
2018	28251	32948.3	14199.2	22473.9
2019	30143.8	35188.8	14682	23822.3
2020	31982.6	37300.2	15386.7	25323.1
2021	32366.4	37934.3	15617.5	26310.7
2022	33026.6	38859.9	15875.2	27336.9
2023	33977.8	40095.6	16160.9	28403
2024	35241.8	41667.4	16476.1	29510.7
2025	36848.8	43609.1	16822.1	30661.6
2026	38838.6	45963.9	17200.6	31857.4
2027	40873.8	48381.6	17613.4	33099.9
2028	42950.2	50858.8	18062.5	34390.8
2029	45063.3	53391.6	18550.2	35732
2030	47208.3	55975.7	19078.9	37125.6

（2）能源消耗总量趋势模拟

表 9-8、图 9-2 为 4 个城市的能源消耗总量模拟结果。其中，上海的能源消耗总量在 2020 年后呈现总体上升的趋势。具体而言，上海在 2024 年前的变化幅度相对较小，但从

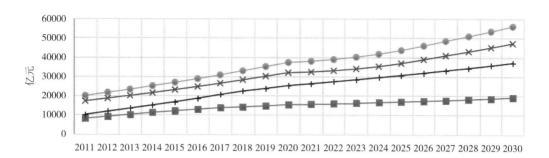

图 9-1　北京、上海、天津、重庆现有发展趋势下 GDP 模拟图

2024 年开始，模拟值逐年攀升，显示出持续增长的态势。重庆的能源消耗则从 2019 年开始展现出明显的上升趋势，这表明重庆在这段时间内的能源需求快速增加。在 4 个城市中，到 2030 年，上海的能源消耗总量最高，达到了 12304.5 万 t，重庆排在第二位，为 7808.78 万 t。

天津的能源消费在 2020 年前总体呈上升趋势，尤其是在 2015 年达到了最高值 8991.87 万 t。然而，随后的发展趋势并不稳定，连续三年下降后，从 2018 年开始再次增加。到 2020 年，天津的能源消耗总量上升至 8952.82 万 t，接近 2015 年的高点，然后一路下降，到 2030 年天津的能源消耗总量将降至 7174.04 万 t。

北京的能源消费趋势与其他城市不同。在 2019 年前，北京的能源消耗趋势相对平缓，没有显著变化。从 2019 年开始呈现出连续下降趋势，到 2030 年，能源消耗总量将降至 5107.84 万 t，这是 4 个城市中最低的。

通过分析这些数据，可以看出各城市在能源消耗方面的不同发展趋势和特点。上海和重庆的能源需求持续增长，而天津在经历了高峰后逐步减少，北京则显现出稳定下降的态势。这些趋势反映了各城市在能源消费和管理方面的不同策略和成效，为制定未来的能源政策提供了重要依据。

北京、上海、天津、重庆现有发展趋势下能源消耗总量模拟表 表 9-8

年份	北京	上海	天津	重庆
	能源消耗总量 （万 t 标准煤）	能源消耗总量 （万 t 标准煤）	能源消耗总量 （万 t 标准煤）	能源消耗总量 （万 t 标准煤）
2011	6435.66	10608.2	6552.91	6576.69
2012	6425.68	10808.4	7174.7	7113.38
2013	6418.3	10903.2	7939.11	6047.05

年份	北京	上海	天津	重庆
	能源消耗总量 （万 t 标准煤）	能源消耗总量 （万 t 标准煤）	能源消耗总量 （万 t 标准煤）	能源消耗总量 （万 t 标准煤）
2014	6453.37	10760.7	8457.13	6691.56
2015	6421.25	11070.1	8991.87	6965.32
2016	6406.27	10939.8	8816.74	6972.71
2017	6329.42	10733.1	8460.1	6320.77
2018	6326.32	10595.7	8380.68	6915.57
2019	6422.24	11121.5	8651.16	6717.46
2020	6105.1	10855.6	8952.85	6994.48
2021	5895.95	10657.3	8706.91	7086.14
2022	5724.16	10539.8	8472.63	7174.19
2023	5585.15	10500.8	8249.12	7258.18
2024	5475.06	10539.8	8035.5	7337.67
2025	5390.56	10658.3	7830.98	7412.15
2026	5371.57	10990	7683.82	7499.28
2027	5334.56	11321	7542.54	7582.89
2028	5278.73	11650.6	7406.45	7662.6
2029	5203.37	11978.6	7274.85	7738.04
2030	5107.84	12304.5	7147.04	7808.78

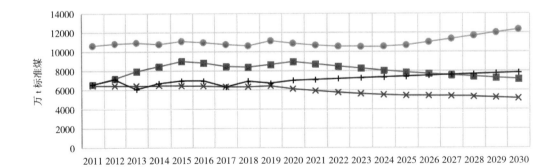

图 9-2　北京、上海、天津、重庆现有发展趋势下能源消耗总量模拟图

9.2.3 碳排放总量趋势模拟

表9-9、图9-3是4个城市基于历史数据趋势到2030年的碳排放总量的趋势模拟。其中，北京的碳排放总量在2012年达到峰值，与实际情况相符，峰值为10675.8万t。此后，北京的碳排放量呈现缓慢的下降趋势，预计到2030年，碳排放量将降至7854.33万t。这一变化反映了北京在减少碳排放方面取得的成效。

上海的碳排放量一直居于4个城市之首，从2011年的19870.4万t增加到2030年的23549.2万t，上海的碳排放总量显示出持续增长的态势。值得注意的是，上海在2013年曾达到一个碳排放高点，之后一路下降，直到2024年后再次开始增加，并在2028年超过了2013年的高点。

天津的碳排放模拟值在2015年前显著上升，显示出快速增长的趋势。2015—2020年间，碳排放量较为平缓，2020年达到峰值，为16965.3万t。此后，天津的碳排放量开始持续减少，到2030年预计为13812.7万t，相比2020年减少了18.6%。

重庆的碳排放量在2011—2019年间保持平稳波动，从2019年开始稳步上升，增加到2030年的19929.3万t。与其他城市不同，重庆的碳排放量没有出现持续下降的趋势，反映出该市在工业和经济快速发展的同时，碳排放控制仍面临挑战。

北京、上海、天津、重庆碳排放总量趋势模拟表　　　　　　表9-9

年份	北京	上海	天津	重庆
	城市碳排放量 （万t二氧化碳）	城市碳排放量 （万t二氧化碳）	城市碳排放量 （万t二氧化碳）	城市碳排放量 （万t二氧化碳）
2011	10615.9	19870.4	14282.3	14722.3
2012	10675.8	20028	14773	14663.5
2013	10142.4	21168.4	15319.6	13895.7
2014	10137.2	19864.6	15677.1	14061.5
2015	10050.5	20266.5	16395.3	14364.5
2016	9659.87	19997.8	16143.3	15217.6
2017	9171.4	20769.9	16282.6	15161.1
2018	9426.78	19353.6	16370.3	14693.6
2019	9489.5	20279.6	16416	14794.6
2020	9071	19882.6	16965.3	15639.1
2021	8808.63	19605.6	16476.8	16081.4
2022	8598.95	19474.6	16011.5	16521.6
2023	8435.97	19487.4	15567.8	16958.2

年份	北京	上海	天津	重庆
	城市碳排放量（万 t 二氧化碳）	城市碳排放量（万 t 二氧化碳）	城市碳排放量（万 t 二氧化碳）	城市碳排放量（万 t 二氧化碳）
2024	8314.61	19645	15143.8	17389.8
2025	8230.53	19952.1	14738.1	17814.6
2026	8213.2	20665.2	14539	18247.1
2027	8168.2	21382.3	14348	18676.1
2028	8094.18	22102.6	14164.1	19100.3
2029	7989.92	22825.2	13986.1	19518.5
2030	7854.33	23549.2	13812.7	19929.3

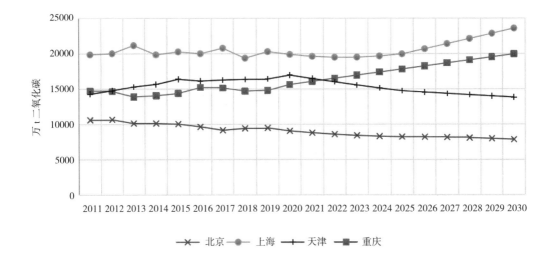

图 9-3　北京、上海、天津、重庆碳排放总量趋势模拟图

9.2.4　净碳排放量模拟

净碳排放是指在城市碳排放总量的基础上减去碳汇吸收的碳排放和技术进步下减少的碳排放，4 个城市的净碳排放量的模拟值如表 9-10、图 9-4 所示，其变化趋势与碳排放量变化趋势总体上十分相似。

北京的净碳排放量在 2012 年达到峰值后，逐渐呈现下降趋势，到 2030 年预计为 5985.24 万 t。这一趋势反映了北京在减少碳排放和提升碳汇能力方面的持续努力。

上海的净碳排放量在 2013 年达到峰值后，呈现出平缓的下降趋势。到 2024 年，上海的净碳排放量较 2011 年下降了 11.8%。然而，从 2024 年开始，净碳排放量又逐渐攀升，到 2030 年预计为 17596.8 万 t，相比 2024 年增加了 7.78%。这一趋势显示出上海在一段时间内成功控制了碳排放，但随后由于各种因素导致排放量再次上升。

天津的净碳排放量在 2020 年达到峰值后，也开始逐步下降，到 2026 年下降趋势有所放缓。到 2030 年，天津的净碳排放量预计为 12751.6 万 t。这表明天津在控制碳排放方面取得了一定的进展，但仍需进一步努力以实现更显著的减排效果。

重庆的净碳排放量自 2019 年开始逐步上升，到 2030 年预计达到 14863.2 万 t。与其他城市相比，重庆的净碳排放量一直呈现上升趋势，这反映了该市在快速发展的同时，面临的碳排放控制挑战更加严峻。

北京、上海、天津、重庆净碳排放量趋势模拟数据表　　表 9-10

年份	北京	上海	天津	重庆
	净碳排放量 （万 t 二氧化碳）	净碳排放量 （万 t 二氧化碳）	净碳排放量 （万 t 二氧化碳）	净碳排放量 （万 t 二氧化碳）
2011	9530.49	18502.1	13352.5	11597.4
2012	9508.71	18479.7	13731.9	11533.2
2013	8948.7	19358.2	14150.9	10823.3
2014	8878.58	18024.7	14401.2	11016.1
2015	8763.79	18291.5	15049.7	11247.6
2016	8368.96	17920.6	14804.3	12023.6
2017	7927.35	18462.7	14986.8	12023.8
2018	8051.49	17013.3	15032.1	11600.3
2019	7946.3	17605.2	15122.5	11673.2
2020	7522.7	17054.9	15607.9	12394.3
2021	7298.37	16722	15167.2	12706.1
2022	7108.03	16493.6	14746.6	13007.1
2023	6946.86	16363.4	14344.6	13295.4
2024	6810.3	16325.9	13959.9	13569.1
2025	6693.87	16376.7	13591	13826
2026	6601.16	16687.4	13411.1	14069.8
2027	6483.92	16967.1	13238.3	14297.3
2028	6342.06	17213.5	13071.4	14506.7
2029	6175.72	17424.1	12909.6	14696.1
2030	5985.24	17596.8	12751.6	14863.2

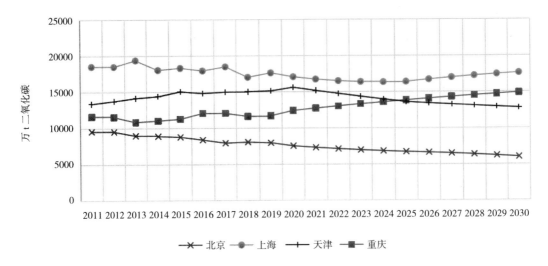

图 9-4   北京、上海、天津、重庆净碳排放量模拟图

综上所述，在不加任何政策约束的现有发展趋势下，北京和天津的能源消费总量和城市碳排放总量能够在国家碳达峰目标年份 2030 年前实现达峰，而上海和重庆则无法实现这一目标。同时，也注意到上海的净碳排放在 2013 年达到顶峰后逐年下降，但在 2024 年以后又呈现出升高的趋势，这表明尽管上海在一定时期内成功控制了碳排放，但仍面临新的挑战。

同时，在模拟各城市的净碳排放量时发现，无论哪个城市的净碳排放量都远远高于 0。这意味着，至少在 2030 年以前，单靠城市内部的碳源和碳汇来实现趋近于碳中和是不可能的，肯定需要依靠政策和技术的干预。这一发现强调了外部支持的重要性，包括更严格的政策、创新的技术以及有效的管理措施，才能推动各城市实现碳达峰和碳中和目标。

基于这样的趋势模拟，本书将在后续章节中对模型进行情景参数的调整与设定，以模拟不同情景下 4 个城市的碳排放等指标的变化趋势。这将有助于探索不同城市实现碳达峰的条件以及趋近碳中和的更优路径。通过这些模拟和分析，可以为各城市制定更加科学和有效的低碳规划提供重要的参考与支撑。通过不同的情景设置，我们可以分析各种政策和技术干预措施对 4 个城市碳排放的影响。例如，增加可再生能源的比例、提升能源效率、推广绿色交通方式、实施碳捕捉与储存技术等。这些情景的分析将有助于确定哪些措施在不同城市中最为有效，从而为各城市提供量身定制的低碳发展路径。

第 10 章 "碳达峰"目标下城市碳排放情景

上一章对 4 个城市未来的碳排放总量和净碳排放量等做了预测，这种预测是基于过去各项数据的发展趋势模拟而来。但是，城市的发展不会只按照过去的趋势，而是会根据不同发展环境和政策进行一些调控。为了研究实现城市碳达峰的有效路径，可以对城市碳排放系统模拟模型中的各项参数进行设置，以体现不同的发展导向。本章节参考 IPCC 设定的温室气体排放情景方式，设定了研究对象城市在不同因素主导下的发展情景，并以此来模拟这些城市在未来的碳排放情况以及其实现碳达峰的不同场景。

10.1 城市碳排放对照情景方案设定

为了研究实现城市碳达峰的有效路径，可以对城市碳排放模拟模型的各项参数进行调整，以适应未来具体的政策情景。在此模型中，除常量以外，其余参数都具有可变性，通过对关键影响因素的调节，可以实现对碳排放系统的综合调控，以判断其结果是否达到预期目标。

10.1.1 IPCC 温室气体排放情景

2000 年，IPCC 发布了《排放情景特别报告》（Special Report on Emissions Scenarios），其中假设了未来世界的碳排放情景，采用了四种不同的碳排放强度，分别为 A1、A2、B1 和 B2（表 10-1）。

A1 情景呈现出经济迅速发展的主要特征，预计在 21 世纪中叶人口数量达到顶峰后逐渐下降，科学技术发展高效，世界各地呈现趋同发展，人均收入差距缩小。根据能源利用结构和技术差异，A1 情景又可以细分为三种情景，即代表大量使用化石燃料的 A1FI 情景、代表高度利用非化石燃料能源的 A1T 情景以及代表各种能源平衡使用的 A1B 情景。 A2 情景预设未来世界将以不均衡的趋势发展，各地区保持自身特色，生产力趋同但增长极为缓慢，同时面临持续增长的人口数量，经济发展和技术方面也不再呈现稳定连续增长的态势。 B1 情景预设未来世界将趋同，人口数量变化趋势与 A1 情景相似，不同之处在于经济结构调整迅速，服务业和信息经济占主导地位，同时注重全球社会与环境的可持续发展，引入高效的清洁技术和资源，致力于提高公平性。然而，该情景并不施加额外的气候干预政策。B2 情景中人口持续增长，但增长率低于 A2 情景，经济水平中等，技术发展速度较 B1 和 A1 情景更慢且更多元。相比 B1 情景着眼于全球的可持续发展，B2 情景更强调局部地区的环境保护与社会公平。

IPCC 排放情景分类		具体特征
A1		经济增长迅猛，人口于 21 世纪中叶达到顶峰，技术快速发展，地区间发展趋同，文化与社会的相互影响扩大，不同地域间人均收入水平差距缩小
A1	A1FI	密集使用化石燃料
	A1T	更多地利用非化石燃料能源
	A1B	各种能源平衡使用，不过分依赖于某种能源
A2		世界发展不均衡，各地保有特色并且自给自足，生产力趋同进程缓慢，人口无明显下降趋势，人均经济增长和技术发展水平无平稳积极态势，较其他情景更低
B1		世界各地趋同，人口变化与 A1 相同，服务业与信息经济在经济结构中比重最大，材料的密集度降低，引入高效清洁能源与技术，注重全球范围内社会环境的可持续发展与公平性问题
B2		人口增长率低于 A2 并持续增长，经济发展中等，技术发展比 B1 和 A1 慢，强调局部地域层面的社会与环境可持续发展

　　IPCC 的碳排放情景设定从不同角度进行预设，结合经济、人口、能源、技术等方面形成不同的综合调控情景，为碳排放情景模拟研究指明了方向。在设定大城市碳排放系统的模拟情景时，应从影响碳排放的不同因素出发，按照科学实验中控制变量的思路设置对照情景，在此基础上在合理范围内调整各因素的参数形成不同的综合调控情景，从而便于比较分析并选出最优碳达峰及碳减排路径。

10.1.2　城市碳排放基准情景及单因素对照情景设定

　　参考 IPCC 碳排放情景设置，以各城市发布的《国民经济和社会发展第十四个五年规划和2035 年远景目标纲要》（以下简称《十四五规划》）及各项相关市级专项规划中设定的规划目标和"十三五"期间社会经济发展现状为基础，本书首先设定涉及经济增长（用 GDP 增长率表征）、人口发展（用人口自然增长率表征）、能源结构（用能源消耗比例指标表征）和产业结构（用三次产业比重表征）的单因素主导对照情景，如表 10–2 所示，共分为五种情景，其中基准情景即在不加任何规划政策情况下，按照现有趋势模拟的碳排放情景，即前文中所提到的碳排放总量趋势模拟结果，而其他四种情景则包含了经济增长主导、人口发展主导、能源结构主导和产业结构主导等。

（1）经济增长主导情景设定

　　在"十三五"期间，北京的年均 GDP 增长率为 6.5%，实际 2021 年 GDP 总量达到 4 万亿元，人均 GDP 约为 18.4 万元。上海在 2021 年实现了全市 GDP 达到 4.3 万亿元的目标，综合城市经济实力大幅提升，完成了"十三五"规划中的目标。天津在 2021 年的 GDP 达到 1.56 万亿元，2016—2020 年的年均 GDP 增长约为 3.82%，人均 GDP 达到 11.37 万元。重庆在"十三五"规划中预计 2020 年的 GDP 增速为 9%，而实际情况为 7.2%，到 2021 年 GDP 达到 2.79 万亿元，人均 GDP 为 8.69 万元。根据北京市"十四五"规划和上海市"十四五"规划的内容，将北京和上海至 2030 年的年均 GDP 增长率控制在 5% 左右，根据天津市"十四五"规划和重庆市"十四五"规划的内容，将天津和重庆至 2030 年的年均 GDP 增长率控制在 6% 左右，完成了经济增长主导情景的设定。

（2）人口发展主导情景设定

"十三五"期间，北京的常住人口从 2015 年的 2188.3 万增长至 2021 的 2188.6 万，几乎没有增长；上海 2021 年的常住人口为 2489.43 万，相比 2015 年增加了 31.84 万；天津常住人口规模由 2015 年的 1439 万下降至 2021 年的 1373 万，下降 66 万；重庆 2021 年常住人口为 3212.43 万，相比 2015 年增加了 142.41 万。

在各城市已发布的人口发展规划及相关城市规划中，北京在《北京城市总体规划（2016 年—2035 年）》中提出长期将常住人口控制在 2300 万人以内，上海则在《上海市城市总体规划（2017—2035 年）》中提出规划至 2035 年常住人口约为 2500 万，天津则在《天津市国土空间总体规划（2021—2035 年）》中提出至 2035 年将总人口保持在 2000 万左右，《重庆市国土空间总体规划（2021—2035 年）》中则提出规划至 2035 年常住人口达 3600 万左右。

以上述各城市人口在"十三五"期间的变化及现有规划中的相关指标约束为参考，将人口发展主导情景设置为至 2030 年，北京、上海、天津及重庆的人口自然增长率分别为 3.2‰、−1‰、1.5‰ 和 2‰。

（3）能源结构主导情景设定

在"十三五"期间，北京进行了大规模的能源结构调整，整个城市的煤炭消耗量大幅减少，煤炭在能源消费中的比例从 13.1% 降至 1.5%；同期，天然气在能源消耗中的比例从 2015 年的 29% 上升至 2020 年的 37.2%。上海的煤炭消耗占一次能源消耗的比例从 37% 下降至 31%，而天然气的比例从 10% 略微上升至 12%。天津市煤炭消耗的比例从 40.8% 降至 34.1%，而天然气的比例则从 10.2% 增至 19.6%。重庆的能源结构优化进程加快，煤炭消耗的比例在 2021 年降至 44.3%。

根据各市"十四五"能源发展规划和节能减排工作实施方案，北京预计到 2025 年煤炭消耗比例将降至 0.9%，天然气能源消耗比例将升至 33.3%；上海计划继续稳步推进能源结构优化，到 2025 年煤炭的能源消耗比例将小于 30%，天然气的比例将升至约 17%；天津计划到 2025 年将煤炭的能源消耗比例控制在 28% 左右，天然气的能源消耗比例提升至 21% 左右；重庆计划将煤炭消耗比例到 2025 年降至 40%，天然气消耗比例提高到 20%。

基于"十三五"期间能源结构调整的表现和"十四五"规划中预期的年均变化率，本书设定到 2030 年时 4 市的能源结构情景。北京的煤炭消耗比例将降至 0.3%，天然气消耗比例将升至 40%；上海的煤炭消耗比例将降至 20%，天然气消耗比例将为 23%；天津的煤炭消耗比例将为 25%，天然气消耗比例将为 22.5%；重庆的煤炭消耗比例将降至 35%，天然气消耗比例将增至 25%。

（4）产业结构主导情景设定

"十三五"期间，北京的三次产业占比由 2015 年的 0.6：17.8：81.6 变为 2020 年的 0.4：15.8：83.8，服务业占比超过 80%，具有典型的发达经济体产业结构特征；上海的三次产业占比由 0.4：28.7：70.9 变为 0.3：26.6：73.1，第一、第二产业逐渐向第三产业转移；天津的三次产业占比从 1.5：41.3：57.2 变为 1.5：34.1：64.4，服务业占比不断上升；重庆的三次产业占比从 6.7：44.9：48.4 变为 7.2：40：52.8，工业占比仍较高，服务业占比刚过 50%，产业结构优化空间较大。4 个城市均表现出第一、第二产业不断转移为第三产业的态势，基于"十三五"期间其产业结构转变速率，将产业结构主导情景设定为到 2030 年，北京和上海的第一产业占比减少 0.2%，第二产业占比减少 2%，第三产业占比提高 2.2%；天津和重庆的第一产业占比减少 0.2%，第二产业占比减少 5%，第三产业占比增加 5.2%（表 10-2）。

城市碳排放模拟基准情景及单因素主导对照情景 表 10-2

方案序号	情景名称	情景描述
方案一	基准情景（BAU）	在城市现有发展水平的基础上，基于城市的发展需求，假设经济、社会、能源、产业等因素维持现有自然发展趋势
方案二	经济增长主导情景（EGD）	对 GDP 增长率进行调控，控制城市经济增速，到 2030 年，控制北京和上海年均 GDP 增长率为 5%，天津和重庆 GDP 年均增长率为 6%
方案三	人口发展主导情景（PDD）	对人口自然增长率进行调控，控制人口增长的速度，到 2030 年，北京、上海、天津及重庆的人口自然增长率分别为 3.2‰、−1‰、1.5‰和 2‰
方案四	能源结构主导情景（ESD）	对能源结构比例进行调控，到 2030 年北京、上海、天津、重庆煤炭能源消费占比分别为 0.3%、20%、25%、35%，天然气消费比重分别为 40%、23%、22.5%、25%
方案五	产业结构主导情景（ISD）	对三次产业占比进行调控，到 2030 年，第一、二产业不断向第三产业转移，北京和上海的第一产业占比减少 0.2%，第二产业占比减少 2%，第三产业占比提高 2.2%；天津和重庆的第一产业占比减少 0.2%，第二产业占比减少 5%，第三产业占比增加 5.2%

10.2 城市碳排放系统基础情景模拟与分析

按照表 10-3 的情景设置方案对北京、上海、天津、重庆城市碳排放总量及能源消耗总量进行模拟，这样的模拟是基于前文所述的单个主导因素，因此称为单因素情景模拟。

10.2.1 北京单因素情景下模拟结果

北京单因素情景下城市碳排放模拟结果　　　　　　　　　　　表 10-3

年份	方案一（万 t）	方案二（万 t）	方案三（万 t）	方案四（万 t）	方案五（万 t）
2011	10615.9	10615.9	10615.9	10615.9	10615.9
2012	10675.8	10675.8	10675.8	10675.8	10675.8
2013	10142.4	10142.4	10142.4	10142.4	10142.4
2014	10137.2	10137.2	10137.2	10137.2	10137.2
2015	10050.5	10050.5	10050.5	10050.5	10050.5
2016	9659.87	9659.87	9659.87	9659.87	9659.87
2017	9171.4	9171.4	9171.4	9171.4	9171.4
2018	9426.78	9426.78	9426.78	9426.78	9426.78
2019	9489.5	9489.5	9489.5	9489.5	9489.5
2020	9071	9071	9071	9091.23	9071
2021	8808.63	8808.63	8808.63	8847.68	8835.3
2022	8598.95	8567.36	8599.16	8655.83	8649.49
2023	8435.97	8344.28	8436.6	8509.96	8507.88
2024	8314.61	8136.63	8315.92	8405.28	8405.56
2025	8230.53	7941.71	8232.82	8337.65	8338.16
2026	8213.2	7787.62	8216.83	8341.14	8341.43
2027	8168.2	7643.25	8173.52	8316.3	8315.91
2028	8094.18	7506.24	8101.6	8261.56	8259.85
2029	7989.92	7374.16	7999.89	8175.44	8171.59
2030	7854.33	7244.4	7867.33	8056.6	8049.6

年份	方案一 （万 t）	方案二 （万 t）	方案三 （万 t）	方案四 （万 t）	方案五 （万 t）
2011	6435.66	6435.66	6435.66	6435.66	6435.66
2012	6425.68	6425.68	6425.68	6425.68	6425.68
2013	6418.3	6418.3	6418.3	6418.3	6418.3
2014	6453.37	6453.37	6453.37	6453.37	6453.37
2015	6421.25	6421.25	6421.25	6421.25	6421.25
2016	6406.27	6406.27	6406.27	6406.27	6406.27
2017	6329.42	6329.42	6329.42	6329.42	6329.42
2018	6326.32	6326.32	6326.32	6326.32	6326.32
2019	6422.24	6422.24	6422.24	6422.24	6422.24
2020	6105.1	6105.1	6105.1	6105.1	6105.1
2021	5895.95	5895.95	5895.95	5895.95	5913.8
2022	5724.16	5703.13	5724.3	5724.16	5757.8
2023	5585.15	5524.45	5585.57	5585.15	5632.76
2024	5475.06	5357.86	5475.92	5475.06	5534.95
2025	5390.56	5201.4	5392.06	5390.56	5461.05
2026	5371.57	5093.23	5373.94	5371.57	5455.43
2027	5334.56	4991.72	5338.04	5334.56	5431.03
2028	5278.73	4895.3	5283.57	5278.73	5386.77
2029	5203.37	4802.36	5209.86	5203.37	5321.68
2030	5107.84	4711.19	5116.3	5107.84	5234.83

　　表 10-3 与表 10-4 展示了北京城市碳排放总量和能源消耗总量在上述各个单因素情景下的模拟结果。根据模拟结果显示，在 2012 年，北京成功实现了碳达峰，碳排放总量为 10675.8 万 t；而在 2019 年，能源消耗达到了峰值，为 6422.24 万 t。在方案一的基准情景中，北京在碳达峰后的年均碳排放减少率为 1.47%，能源消耗总量达峰后的年均减少率为 1.86%。截至 2030 年，碳排放总量降至 7854.33 万 t，能源消耗总量为 5107.84 万 t。在方案二的经济增长主导情景中，北京在碳达峰后的碳排放总量以年均 1.79% 的速率减少，能源消耗总量达峰后的年均减少率为 2.42%，到 2030 年，碳排放总量仅为 7244.4 万 t，能源消耗总量仅为 4711.19 万 t。在方案三的人口发展主导情景中，北京在碳达峰后的城市碳排放年均减少率为 1.46%，而

能源消耗达峰后的年均减少率为 1.85%，到 2030 年，碳排放总量为 7867.33 万 t，能源消耗总量为 5116.30 万 t。在方案四的能源结构主导情景中，北京在碳达峰后的碳排放总量以年均 1.36% 的速度持续降低，而能源消耗在达到峰值后以年均 1.86% 的速度减少，与方案一基本持平，到 2030 年，碳排放总量为 8056.60 万 t，能源消耗总量为 5107.84 万 t。在方案五的产业结构主导情景中，北京在碳达峰后的碳排放量年均降低率为 1.37%，能源消耗达到峰值后的年均减少率为 1.68%，到 2030 年，碳排放总量为 8049.60 万 t，能源消耗总量为 5234.83 万 t。

通过对上述 5 个情景方案的模拟结果进行分析，可以得知在 2030 年，相对于自然发展趋势主导的基准情景，北京市在经济增长主导、人口发展主导、能源结构主导及产业结构主导 4 个情景下，城市碳排放总量变化分别为 -609.93 万 t、13.00 万 t、202.27 万 t 和 195.27 万 t，而能源消耗总量的变化分别为 -396.65 万 t、8.46 万 t、0t 及 126.99 万 t。

综合图 10-1 和图 10-2 的显示结果，可以看出，相较于没有政策干预的基准情景，四项单因素规划目标情景模拟方案的减碳效果由好到差依次为：经济增长、人口发展、产业结构调整、能源结构调整。从这个角度来看，北京在产业结构和能源结构方面已经趋于较优的状态，因此从这两个方面入手减碳效果甚微，未来的减碳与经济发展和人口规模直接挂钩。

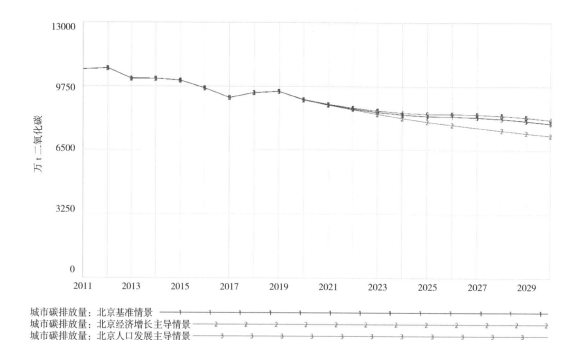

图 10-1　北京单因素情景下城市碳排放量

　　　　　　　　　　　　　　　　　中国城市"双碳"情景与路径

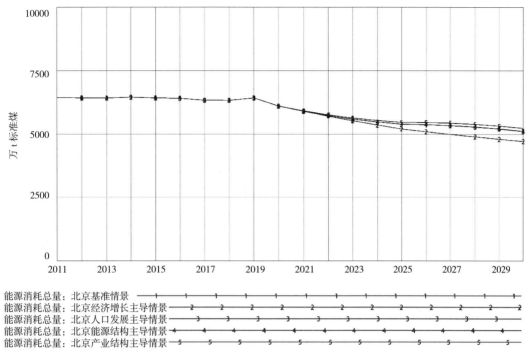

能源消耗总量：北京基准情景 ————1————1————1————1————1————1————1————1————1————1————1————
能源消耗总量：北京经济增长主导情景 ——2——2——2——2——2——2——2——2——2——2——2——2
能源消耗总量：北京人口发展主导情景 ——3——3——3——3——3——3——3——3——3——3——3——3
能源消耗总量：北京能源结构主导情景 —4——4——4——4——4——4——4——4——4——4——4——4
能源消耗总量：北京产业结构主导情景 —5——5——5——5——5——5——5——5——5——5——5——5

图 10-2　北京单因素情景下能源消耗总量

10.2.2　上海单因素情景下模拟结果

上海单因素情景下城市碳排放模拟结果　　　　　　表 10-5

年份	方案一 （万 t）	方案二 （万 t）	方案三 （万 t）	方案四 （万 t）	方案五 （万 t）
2011	19870.4	19870.4	19870.4	19870.4	19870.4
2012	20028	20028	20028	20028	20028
2013	21168.4	21168.4	21168.4	21168.4	21168.4
2014	19864.6	19864.6	19864.6	19864.6	19864.6
2015	20266.5	20266.5	20266.5	20266.5	20266.5
2016	19997.8	19997.8	19997.8	19997.8	19997.8
2017	20769.9	20769.9	20769.9	20769.9	20769.9
2018	19353.6	19353.6	19353.6	19353.6	19353.6
2019	20279.6	20279.6	20279.6	20279.6	20279.6
2020	19882.6	19882.6	19882.6	20255	19882.6
2021	19605.6	19605.6	19605.6	20336.8	19834.3
2022	19474.6	19399.9	19474.6	20559.4	19918

年份	方案一 （万 t）	方案二 （万 t）	方案三 （万 t）	方案四 （万 t）	方案五 （万 t）
2023	19487.4	19264.8	19487.4	20928.4	20134.4
2024	19645	19200.3	19645	21452.9	20486.6
2025	19952.1	19207.5	19952.1	22146	20980.7
2026	20665.2	19522	20665.1	23147.1	21936.3
2027	21382.3	19907.2	21382.2	24165.2	22906.2
2028	22102.6	20367.5	22102.5	25199.5	23888.3
2029	22825.2	20908.3	22825	26248.7	24880.5
2030	23549.2	21535.9	23549	27311.9	25880.2

上海单因素情景下能源消耗总量模拟结果　　　　　　　　　表 10-6

年份	方案一 （万 t）	方案二 （万 t）	方案三 （万 t）	方案四 （万 t）	方案五 （万 t）
2011	10608.2	10608.2	10608.2	10608.2	10608.2
2012	10808.4	10808.4	10808.4	10808.4	10808.4
2013	10903.2	10903.2	10903.2	10903.2	10903.2
2014	10760.7	10760.7	10760.7	10760.7	10760.7
2015	11070.1	11070.1	11070.1	11070.1	11070.1
2016	10939.8	10939.8	10939.8	10939.8	10939.8
2017	10733.1	10733.1	10733.1	10733.1	10733.1
2018	10595.7	10595.7	10595.7	10595.7	10595.7
2019	11121.5	11121.5	11121.5	11121.5	11121.5
2020	10855.6	10855.6	10855.6	10855.6	10855.6
2021	10657.3	10657.3	10657.3	10657.3	10781.6
2022	10539.8	10499.4	10539.8	10539.8	10779.8
2023	10500.8	10380.8	10500.8	10500.8	10849.4
2024	10539.8	10301.2	10539.7	10539.8	10991.3
2025	10658.3	10260.5	10658.3	10658.3	11207.8
2026	10990	10382.1	10990	10990	11666
2027	11321	10540	11320.9	11321	12127.8
2028	11650.6	10736.1	11650.6	11650.6	12591.9
2029	11978.6	10972.7	11978.5	11978.6	13057.2
2030	12304.5	11252.6	12304.4	12304.5	13522.4

表 10-5 与表 10-6 呈现了上述单因素情景下上海城市碳排放总量和能源消耗总量的模拟结果。

在方案一的基准情景中，上海城市碳排放年均增加 0.97%，能源消耗总量年均增加 0.84%，到 2030 年，碳排放达到 23549.2 万 t，能源消耗总量为 12304.5 万 t。在方案二的经济增长主导情景中，上海碳排放总量以年均 0.44% 的速率增加，能源消耗总量年均提高 0.32%，到 2030 年，碳排放达到 21535.9 万 t，能源消耗总量为 11252.6 万 t。方案三的人口发展主导情景与基准情景的模拟结果基本一致，上海城市碳排放年均增加 0.97%，而能源消耗以 0.84% 的年均速率不断增加，到 2030 年，碳排放达到 23549 万 t，能源消耗总量为 12304.4 万 t。方案四的能源结构主导情景中的能源消耗与方案三基本一致，到 2030 年为 12304.5 万 t，碳排放则为 27311.9 万 t。在方案五的产业结构主导情景中，上海碳排放量年均增加 1.59%，能源消耗总量年均提高 1.45%，到 2030 年，碳排放为 25880.2 万 t，能源消耗总量为 13522.4 万 t。

由以上情景模拟结果可知，2030 年上海市经济增长主导、人口发展主导、能源结构主导及产业结构主导 4 个情景相比自然发展趋势主导的基准情景来说，城市碳排放变化量分别为 -2013.3 万 t、-0.2 万 t、3762.7 万 t 和 2331 万 t，能源消耗总量变化量分别为 -1051.9 万 t、-0.1 万 t、0t 及 1217.9 万 t。如图 10-3 与图 10-4 所示，与自然发展趋势下未经任何政策干预的基准情景相比，四项单因素规划目标情景模拟方案的减碳效果由好至差依次为：经济增长、

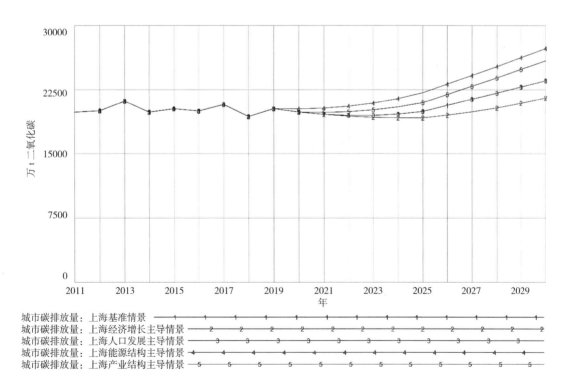

图 10-3　上海单因素情景下城市碳排放量

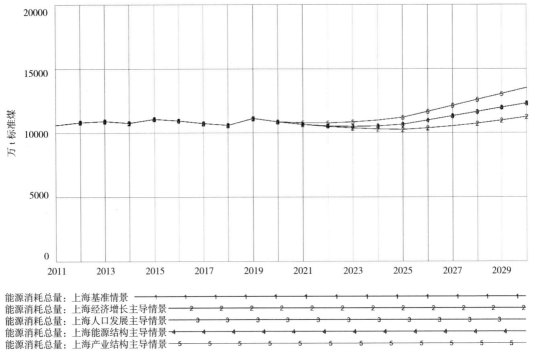

能源消耗总量：上海基准情景 ————1————1————1————1————1————1————1————1————1————1————1————1————
能源消耗总量：上海经济增长主导情景 ——2————2————2————2————2————2————2————2————2————2————2————2————2——
能源消耗总量：上海人口发展主导情景 ——3————3————3————3————3————3————3————3————3————3————3————3————3——
能源消耗总量：上海能源结构主导情景 ——4————4————4————4————4————4————4————4————4————4————4————4————4——
能源消耗总量：上海产业结构主导情景 ——5————5————5————5————5————5————5————5————5————5————5————5————5——

图 10-4　上海单因素情景下能源消耗总量

人口发展、产业结构调整、能源结构调整。通过规划政策导向下的情景模拟结果可见，与北京一致的是，上海的能源结构和产业结构调整政策对城市碳减排的效果相对较弱，未能显著降低碳排放。同时，经济增长被视为控制上海碳排放增长的关键，常住人口的下降对碳减排也有积极的影响。

10.2.3　天津单因素情景下模拟结果

天津单因素情景下城市碳排放模拟结果　　　　　　　　　　表 10-7

年份	方案一 （万 t）	方案二 （万 t）	方案三 （万 t）	方案四 （万 t）	方案五 （万 t）
2011	14282.3	14282.3	14282.3	14282.3	14282.3
2012	14773	14773	14773	14773	14773
2013	15319.6	15319.6	15319.6	15319.6	15319.6
2014	15677.1	15677.1	15677.1	15677.1	15677.1
2015	16395.3	16395.3	16395.3	16395.3	16395.3
2016	16143.3	16143.3	16143.3	16143.3	16143.3
2017	16282.6	16282.6	16282.6	16282.6	16282.6

年份	方案一 （万 t）	方案二 （万 t）	方案三 （万 t）	方案四 （万 t）	方案五 （万 t）
2018	16370.3	16370.3	16370.3	16370.3	16370.3
2019	16416	16416	16416	16416	16416
2020	16965.3	16965.3	16965.3	16879.8	16965.3
2021	16476.8	16476.8	16476.8	16310.5	16666.6
2022	16011.5	16058.8	16011.6	15768.8	16387.8
2023	15567.8	15705.8	15568.1	15252.7	16127.6
2024	15143.8	15413.2	15144.6	14760.2	15884.8
2025	14738.1	15176.7	14739.5	14289.5	15658.4
2026	14539	15191.4	14541	13900.1	15657
2027	14348	15255.6	14351	13525.8	15670.1
2028	14164.1	15368.8	14168.4	13165.3	15697.6
2029	13986.1	15530.6	13992	12816.9	15738.9
2030	13812.7	15741.1	13820.7	12479.2	15793.9

天津单因素情景下能源消耗总量模拟结果 表 10-8

年份	方案一 （万 t）	方案二 （万 t）	方案三 （万 t）	方案四 （万 t）	方案五 （万 t）
2011	6552.91	6552.91	6552.91	6552.91	6552.91
2012	7174.7	7174.7	7174.7	7174.7	7174.7
2013	7939.11	7939.11	7939.11	7939.11	7939.11
2014	8457.13	8457.13	8457.13	8457.13	8457.13
2015	8991.87	8991.87	8991.87	8991.87	8991.87
2016	8816.74	8816.74	8816.74	8816.74	8816.74
2017	8460.1	8460.1	8460.1	8460.1	8460.1
2018	8380.68	8380.68	8380.68	8380.68	8380.68
2019	8651.16	8651.16	8651.16	8651.16	8651.16
2020	8952.85	8952.85	8952.85	8952.85	8952.85
2021	8706.91	8706.91	8706.91	8706.91	8807.24
2022	8472.63	8497.66	8472.7	8472.63	8671.76
2023	8249.12	8322.28	8249.32	8249.12	8545.77
2024	8035.5	8178.4	8035.91	8035.5	8428.68
2025	7830.98	8064.01	7831.68	7830.98	8319.93
2026	7683.82	8028.64	7684.88	7683.82	8274.67
2027	7542.54	8019.67	7544.11	7542.54	8237.56
2028	7406.45	8036.38	7408.69	7406.45	8208.3
2029	7274.85	8078.23	7277.93	7274.85	8186.59
2030	7147.04	8144.84	7151.14	7147.04	8172.17

表 10-7 和表 10-8 详细列举了上述单因素情景方案下天津市城市碳排放总量和能源消耗总量的模拟结果。模拟结果显示，在当前情景模拟方案下，天津市在 2020 年实现了碳排放和能源消耗的峰值，分别达到 16965.3 万 t 和 8952.85 万 t，随后逐年呈下降趋势。

在方案一的基准情景中，天津市在碳达峰后，碳排放年均减少 1.86%，能源消耗总量达峰后年均减少 2.02%，到 2030 年，碳排放降至 13812.7 万 t，能源消耗总量为 7147.04 万 t。在方案二的经济增长主导情景中，天津市在碳达峰后，碳排放总量以年均 0.72% 的速率减少，能源消耗总量达峰后年均减少 0.9%，到 2030 年，碳排放高达 15741.1 万 t，能源消耗总量为 8144.84 万 t。在方案三的人口发展主导情景中，天津市在碳达峰后城市碳排放年均减少 1.85%，而能源消耗在达峰后以约 2% 的年均速率不断降低，到 2030 年，碳排放为 13820.7 万 t，能源消耗总量为 7151.14 万 t。在方案四的能源结构主导情景中，天津市在碳达峰后，碳排放以年均 2.6% 的速率不断减少，而能源消耗以年均约 2% 的速度减少，与方案一和方案三基本持平，至 2030 年，碳排放和能源消耗总量分别为 12479.2 万 t 和 7147.04 万 t。在方案五的产业结构主导情景中，天津市在碳达峰后，碳排放量年均降低 0.69%，能源消耗总量年均减少 0.87%，至 2030 年，碳排放为 15793.9 万 t，能源消耗总量为 8172.17 万 t。

综合比较各情景的模拟结果，2030 年天津市经济增长主导、人口发展主导、能源结构主导及产业结构主导 4 个情景相比基准情景来说，城市碳排放变化量分别为 1928.4 万 t、8 万 t、-1333.5 万 t 和 1981.2 万 t，能源消耗总量变化量分别为 997.8 万 t、4.1 万 t、0t 及 1025.13 万 t。如图 10-5 与图 10-6，与未进行任何政策干预的基准情景相比，其余四种情景

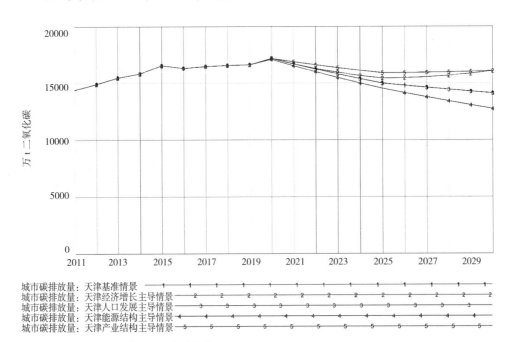

图 10-5 天津单因素情景下城市碳排放量

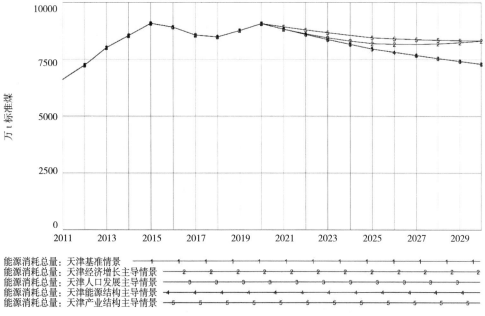

能源消耗总量：天津基准情景 ————1————1————1————1————1————1————1————1————1————1—
能源消耗总量：天津经济增长主导情景 ————2————2————2————2————2————2————2————2————2————2—
能源消耗总量：天津人口发展主导情景 ————3————3————3————3————3————3————3————3————3—
能源消耗总量：天津能源结构主导情景 ————4————4————4————4————4————4————4————4————4————4—
能源消耗总量：天津产业结构主导情景 ———5————5————5————5————5————5————5————5————5————5—

图 10-6　天津单因素情景下能源消耗总量

模拟方案的减碳效果由好至差依次为：能源结构调整、人口发展、经济增长、产业结构调整。由此可见，在天津市现有规划目标导向下，能源结构调整对于减少碳排放具有显著的积极影响，这说明天津的能源利用结构还有一定的优化提升空间。

10.2.4　重庆单因素情景下模拟结果

重庆单因素情景下城市碳排放模拟结果　　　　　　　　　　表 10-9

年份	方案一 （万 t）	方案二 （万 t）	方案三 （万 t）	方案四 （万 t）	方案五 （万 t）
2011	14722.3	14722.3	14722.3	14722.3	14722.3
2012	14663.5	14663.5	14663.5	14663.5	14663.5
2013	13895.7	13895.7	13895.7	13895.7	13895.7
2014	14061.5	14061.5	14061.5	14061.5	14061.5
2015	14364.5	14364.5	14364.5	14364.5	14364.5
2016	15217.6	15217.6	15217.6	15217.6	15217.6
2017	15161.1	15161.1	15161.1	15161.1	15161.1
2018	14693.6	14693.6	14693.6	14693.6	14693.6
2019	14794.6	14794.6	14794.6	14794.6	14794.6
2020	15639.1	15639.1	15639.1	15513.1	15639.1

年份	方案一 (万 t)	方案二 (万 t)	方案三 (万 t)	方案四 (万 t)	方案五 (万 t)
2021	16081.4	16081.4	16081.4	15826.3	16135.9
2022	16521.6	16554.3	16517.7	16134.1	16637.2
2023	16958.2	17059.2	16946	16435.5	17142.1
2024	17389.8	17597.4	17363.9	16729.3	17649.7
2025	17814.6	18170.4	17769.2	17014	18159.1
2026	18247.1	18796.3	18175.3	17311.7	18682.5
2027	18676.1	19467.5	18569	17603.5	19211.2
2028	19100.3	20186.7	18947.9	17888.4	19744.4
2029	19518.5	20956.7	19309.3	18165.4	20281.5
2030	19929.3	21780.7	19650.5	18433.2	20821.8

重庆单因素情景下能源消耗总量模拟结果　　　　　　　　　　表 10-10

年份	方案一 (万 t)	方案二 (万 t)	方案三 (万 t)	方案四 (万 t)	方案五 (万 t)
2011	6576.69	6576.69	6576.69	6576.69	6576.69
2012	7113.38	7113.38	7113.38	7113.38	7113.38
2013	6047.05	6047.05	6047.05	6047.05	6047.05
2014	6691.56	6691.56	6691.56	6691.56	6691.56
2015	6965.32	6965.32	6965.32	6965.32	6965.32
2016	6972.71	6972.71	6972.71	6972.71	6972.71
2017	6320.77	6320.77	6320.77	6320.77	6320.77
2018	6915.57	6915.57	6915.57	6915.57	6915.57
2019	6717.46	6717.46	6717.46	6717.46	6717.46
2020	6994.48	6994.48	6994.48	6994.48	6994.48
2021	7086.14	7086.14	7086.14	7086.14	7110.14
2022	7174.19	7188.41	7172.51	7174.19	7224.36
2023	7258.18	7301.41	7252.93	7258.18	7336.87
2024	7337.67	7425.29	7326.75	7337.67	7447.34
2025	7412.15	7560.19	7393.23	7412.15	7555.45
2026	7499.28	7724.99	7469.76	7499.28	7678.23
2027	7582.89	7904.2	7539.41	7582.89	7800.14
2028	7662.6	8098.4	7601.44	7662.6	7920.97
2029	7738.04	8308.2	7655.1	7738.04	8040.51
2030	7808.78	8534.23	7699.55	7808.78	8158.5

表 10-9 与表 10-10 详细列出了五种情景方案下重庆市城市碳排放总量及能源消耗总量的模拟结果。模拟结果表明，在当前情景方案的控制下，重庆的碳排放和能源消耗呈现出不断增加的趋势，并未显示出明显的达峰迹象。

在方案一的基准情景中，重庆城市碳排放年均增加 1.86%，能源消耗总量以年均 0.99% 的速率不断增加，到 2030 年，碳排放达到 19929.3 万 t，能源消耗总量为 7808.78 万 t。在方案二的经济增长主导情景中，重庆碳排放总量年均上升 2.52%，能源消耗总量年均提高 1.57%，到 2030 年，碳排放和能源消耗总量数值最高，分别为 21780.7 万 t 和 8534.23 万 t。在方案三的人口发展主导情景中，重庆碳排放年均增加 1.76%，而能源消耗则以年均 0.9% 的速率不断增加，到 2030 年，碳排放达到了 19650.5 万 t，能源消耗总量为 7699.55 万 t。在方案四的能源结构主导情景中，重庆的碳排放以年均 1.33% 的速率不断增加，而能源消耗总量以年均 0.99% 的速度增加，与基准情景持平，至 2030 年，碳排放达到了 18433.2 万 t，能源消耗总量为 7808.78 万 t。在方案五的产业结构主导情景中，重庆碳排放量年均增加 2.18%，能源消耗总量年均提高 1.27%，至 2030 年，碳排放为 20821.8 万 t，能源消耗总量为 8158.5 万 t。

综合上述分析结果，2030 年重庆市经济增长主导、人口发展主导、能源结构主导及产业结构主导 4 个情景相较于基准情景来说，城市碳排放变化量分别为 1851.4 万 t、−278.8 万 t、−1496.1 万 t 和 892.5 万 t，能源消耗总量变化量分别为 725.45 万 t、−109.23 万 t、0t 及 349.72 万 t。如图 10-7 与图 10-8 所示，与自然发展趋势下无政策干预的基准情景相比，其

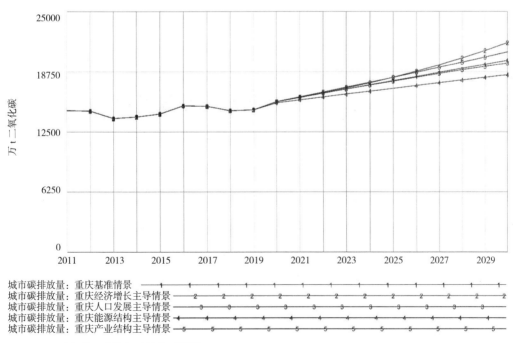

图 10-7　重庆单因素情景下城市碳排放量

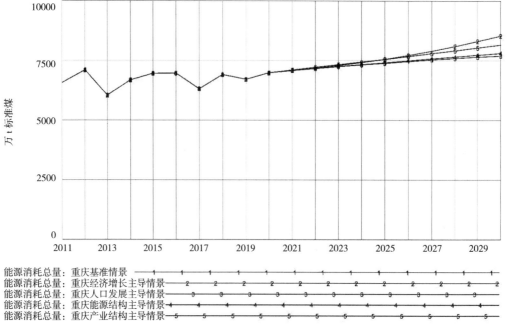

能源消耗总量：重庆基准情景 —— 1
能源消耗总量：重庆经济增长主导情景 —— 2
能源消耗总量：重庆人口发展主导情景 —— 3
能源消耗总量：重庆能源结构主导情景 —— 4
能源消耗总量：重庆产业结构主导情景 —— 5

图 10-8　重庆单因素情景下能源消耗总量

余四种情景模拟方案在减碳效果上表现出差异：能源结构调整、人口发展、产业结构调整、经济增长的排放减少效果依次为好至差。

在当前以规划目标为导向的情景模拟中，重庆通过进行能源结构调整展现出显著的减碳潜力，其中关键首先是煤炭消耗比重应进一步降低，其次是控制人口规模的增长。

10.3　城市碳排放综合调控情景模拟及峰值预测

基于城市碳排放系统单因素情景模拟的结果，我们可以得知，对于未达到碳排放峰值的城市，仅仅通过单一因素的调控手段存在着极大的局限性。城市碳排放系统是一个由多种因素共同作用的复杂体系。通过对不同影响因素的指标参数进行组合调控，能够有效地实施城市碳排放系统的综合调控，从而找到城市早日实现碳达峰的最优路径。

根据单因素对照情景的模拟结果可以发现，对于北京和上海，未来城市减少碳排放的主导因素是经济增长和人口发展；而对于天津和重庆，主导未来城市减少碳排放的因素是能源结构的调整。基于这些发现，我们可以设想以下三种综合调控情景（表 10-11）：

综合调控情景一将各单因素情景整合，模拟城市碳排放在现有规划目标导向下的综合调控情景。

综合调控情景二在情景一基础上，保持经济和人口发展速度不变，加速能源结构和产业结构转型。增设 2025 年调控目标，并分别控制其变化速度。在能源结构方面，特别关注减少煤炭在能源消耗中的比重，将综合调控情景一中的煤炭消耗比重目标作为 2025 年的控制参数。到 2030 年，北京、上海、天津、重庆煤炭消耗占比分别为 0.2%、12%、17%、27%，而天然气消费占比则分别为 40%、23%、22.5%、25%。在产业结构方面，将综合调控情景一中的三次产业占比作为 2025 年的参数。随后，加快产业转型步伐，以 2020 年为基准，北京、上海、天津、重庆第一产业占比分别减少 0.3%、0.2%、0.4%、0.4%，第二产业占比分别减少 6%、10.6%、9%、13%，第三产业占比分别提高 6.3%、10.68%、9.4%、13.4%。

综合调控情景三在情景一基础上，保持人口和能源结构发展趋势不变，减缓经济发展速度并加速产业升级转型。到 2030 年，北京、上海、天津、重庆的 GDP 增长率较情景一均减少一个百分点。基于 2020 年为基准，第一产业占比分别减少 0.3%、0.2%、0.4%、0.4%，第二产业占比分别减少 8%、12.6%、11%、15%，第三产业占比分别提高 8.3%、12.8%、11.4%、15.4%。

综合调控情景方案设置

表 10-11

类型	综合调控情景一	综合调控情景二	综合调控情景三
经济增长	到 2030 年，控制北京和上海年均 GDP 增长率为 5%，天津和重庆 GDP 年均增长率为 6%	到 2030 年，控制北京和上海年均 GDP 增长率为 5%，天津和重庆 GDP 年均增长率为 6%	到 2030 年，控制北京和上海年均 GDP 增长率为 4%，天津和重庆 GDP 年均增长率为 5%
人口发展	到 2030 年，北京、上海、天津及重庆的人口自然增长率分别为 3.2‰、−1‰、1.5‰和 2‰	到 2030 年，北京、上海、天津及重庆的人口自然增长率分别为 3.2‰、−1‰、1.5‰和 2‰	到 2030 年，北京、上海、天津及重庆的人口自然增长率分别为 3.2‰、−1‰、1.5‰和 2‰
能源结构	到 2030 年，北京、上海、天津、重庆煤炭能源消耗占比分别为 0.3%、20%、25%、35%，天然气能耗比重分别为 40%、23%、22.5%、25%	到 2025 年北京、上海、天津、重庆煤炭能源消耗占比分别为 0.3%、20%、25%、35%；到 2030 年，北京、上海、天津、重庆煤炭能源消耗占比分别为 0.2%、12%、17%、27%，天然气消耗比重分别为 40%、23%、22.5%、25%	到 2030 年北京、上海、天津、重庆煤炭能源消耗占比分别为 0.3%、20%、25%、35%，天然气消耗比重分别为 40%、23%、22.5%、25%
产业结构	到 2030 年，北京三次产业比为 0.2∶13.8∶86；上海三次产业比为 0.1∶24.6∶75.3；天津三次产业比为 1.3∶29.1∶69.6；重庆三次产业比为 7∶35∶58	到 2025 年，北京三次产业比为 0.2∶13.8∶86；上海三次产业比为 0.1∶24.6∶75.3；天津三次产业比为 1.3∶29.1∶69.6；重庆三次产业比为 7∶35∶58。到 2030 年，北京三次产业比为 0.1∶9.8∶90.1；上海三次产业比为 0.1∶16∶83.9；天津三次产业比为 1.1∶25.1∶73.8；重庆三次产业比为 6.8∶27∶66.2	到 2025 年，北京三次产业比为 0.2∶13.8∶86；上海三次产业比为 0.1∶24.6∶75.3；天津三次产业比为 1.3∶29.1∶69.6；重庆三次产业比为 7∶35∶58。到 2030 年，北京三次产业比为 0.1∶7.8∶92.1；上海三次产业比为 0.1∶14∶85.9；天津三次产业比为 1.1∶23.1∶75.8；重庆三次产业比为 6.8∶25∶68.2

表 10-12

北京、上海、天津、重庆城市碳排放综合调控情景模拟结果

年份	北京综合调控情景碳排放（万t二氧化碳）			上海综合调控情景碳排放（万t二氧化碳）			天津综合调控情景碳排放（万t二氧化碳）			重庆综合调控情景碳排放（万t二氧化碳）		
	综合一	综合二	综合三	综合一	综合二	综合三	综合一	综合二	综合三	综合一	综合二	综合三
2011	10615.9	10615.9	10615.9	19870.4	19870.4	19870.4	14282.3	14282.3	14282.3	14722.3	14722.3	14722.3
2012	10675.8	10675.8	10675.8	20028	20028	20028	14773	14773	14773	14663.5	14663.5	14663.5
2013	10142.4	10142.4	10142.4	21168.4	21168.4	21168.4	15319.6	15319.6	15319.6	13895.7	13895.7	13895.7
2014	10137.2	10137.2	10137.2	19864.6	19864.6	19864.6	15677.1	15677.1	15677.1	14061.5	14061.5	14061.5
2015	10050.5	10050.5	10050.5	20266.5	20266.5	20266.5	16395.3	16395.3	16395.3	14364.5	14364.5	14364.5
2016	9659.87	9659.87	9659.87	19997.8	19997.8	19997.8	16143.3	16143.3	16143.3	15217.6	15217.6	15217.6
2017	9171.4	9171.4	9171.4	20769.9	20769.9	20769.9	16282.6	16282.6	16282.6	15161.1	15161.1	15161.1
2018	9426.78	9426.78	9426.78	19353.6	19353.6	19353.6	16370.3	16370.3	16370.3	14693.6	14693.6	14693.6
2019	9489.5	9489.5	9489.5	20279.6	20279.6	20279.6	16416	16416	16416	14794.6	14794.6	14794.6
2020	9091.23	9081.56	9091.23	20255	20487	20255	16879.8	16713.6	16879.8	15513.1	15295.7	15513.1
2021	8874.47	8834.42	8853.1	20574	20980.4	20512	16498.4	16029.2	16353.4	15879.9	15343.6	15783
2022	8674.87	8607.1	8627.3	20946.7	21527.3	20803.5	16187.2	15424.4	15884.7	16275.4	15404.8	16056.2
2023	8489.67	8396.76	8411.74	21375.8	22132.6	21131.3	15941.8	14891.3	15469	16700.7	15478.2	16331.5
2024	8316.15	8200.67	8204.35	21864.6	22801.9	21497.5	15758.6	14423.1	15102.1	17156.9	15562.8	16607.5
2025	8151.57	8016.13	8003.07	22416.7	23541.2	21904.2	15634.8	14013.9	14780.4	17645.1	15657.1	16882.6
2026	8034.2	7869.86	7793.33	23208.2	23332.9	22089.1	15642.7	13856.2	14510.4	18188.3	15925.8	16927
2027	7925.15	7733.83	7591.88	24096.7	23199.8	22326.2	15709.6	13747.4	14277.5	18770.3	16197.5	16945.3
2028	7822.09	7605.84	7397	25091.1	23141.4	22618.9	15835.8	13685.5	14078.8	19392.9	16469.1	16932.6
2029	7722.51	7483.63	7206.92	26201.8	23158	22971	16021.8	13669	13912	20057.8	16736.7	16883.5
2030	7623.67	7364.79	7019.9	27440.6	23251	23386.9	16269.2	13697	13774.8	20767	16995.8	16791.7

中国城市"双碳"情景与路径

三种综合调控情景方案的碳排放模拟结果如表 10-12 和图 10-9~ 图 10-12 所示。在综合调控情景一中，2012 年，北京成功实现碳达峰，达到 10675.8 万 t；而天津的碳排放在 2020 年达到峰值 16879.8 万 t，随后逐渐下降至 2025 年，但在此后至 2030 年展现逐渐上升的趋势；

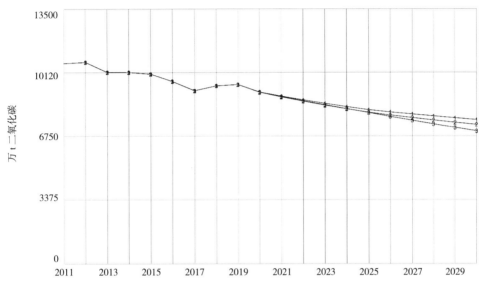

城市碳排放量：北京综合调控情景一 —1—1—1—1—1— 城市碳排放量：北京综合调控情景三 —3—3—3—3—3—
城市碳排放量：北京综合调控情景二 —2—2—2—2—2—

图 10-9　北京综合调控情景下城市碳排放模拟

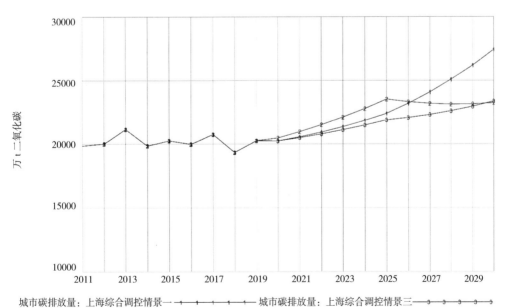

城市碳排放量：上海综合调控情景一 —1—1—1—1—1— 城市碳排放量：上海综合调控情景三 —3—3—3—3—3—
城市碳排放量：上海综合调控情景二 —2—2—2—2—2—

图 10-10　上海综合调控情景下城市碳排放模拟

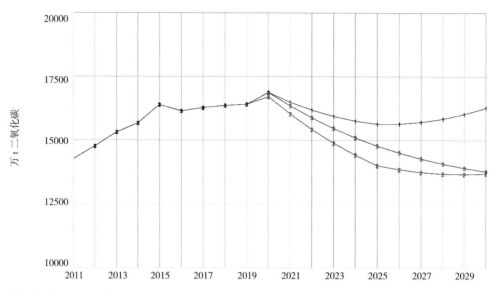

城市碳排放量：天津综合调控情景一 ————————— 城市碳排放量：天津综合调控情景三 —3—3—3—3—3—3—
城市碳排放量：天津综合调控情景二 —2—2—2—2—2—2—

图 10-11　天津综合调控情景下城市碳排放模拟

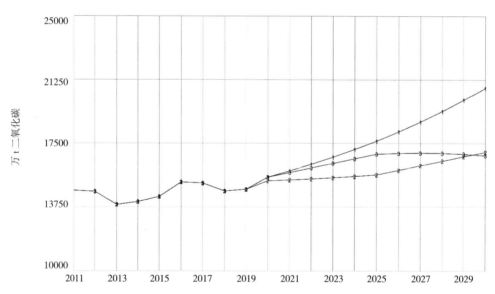

城市碳排放量：重庆综合调控情景一 ————————— 城市碳排放量：重庆综合调控情景三 —3—3—3—3—3—3—
城市碳排放量：重庆综合调控情景二 —2—2—2—2—2—2—

图 10-12　重庆综合调控情景下城市碳排放模拟

上海和重庆的碳排放均未出现峰值。在综合调控情景二的模拟结果中，北京和天津的碳达峰年份和峰值保持不变；上海在 2025 年达到碳排放峰值 23541.2 万 t；虽然重庆的碳排放没有达到峰值，但相较于综合调控情景一，上升趋势有所放缓。综合调控情景三的模拟结果显示，

　　　　　　　　　　　　　　　　　中国城市"双碳"情景与路径

北京和天津的碳达峰时间和峰值与情景一相同；上海的碳排放没有达到峰值的迹象，仍呈现逐渐上升的趋势，但上升速度相对缓慢；重庆在 2027 年实现碳排放，峰值为 16945.3 万 t。

通过综合比较三种调控方案的碳达峰成效和减碳效果，对于已经在 2012 年和 2020 年实现碳达峰的北京和天津，可以通过分析和比较不同综合调控情景方案的减碳效果，找出有利于城市可持续发展的低碳规划方向；而对于在自然发展趋势下仍未达到峰值的上海和重庆，通过综合调控情景模拟可以寻找碳达峰导向下的最优低碳城市发展路径。

对于北京而言，综合调控情景三的减碳效果大于情景二，情景二又大于情景一，说明在保持人口平稳发展、有序转变能源结构的同时，控制并适当减缓经济发展速度、加快产业结构向第三产业转变的速度，能够最大限度地提高北京的减碳效率。

对于天津而言，综合调控情景二的减碳效果大于情景三，情景三又大于情景一，说明在保持经济和人口稳定发展的同时，在现有规划基础上控制并加快能源结构转型，重点降低以煤炭为代表的一次能源消耗比重，促进第一、二产业向第三产业转变，有利于提高天津的碳减排效率。

对于上海而言，综合调控情景二是实现碳达峰的最优路径。即在经济和人口按照现有规划目标和趋势有序发展的情况下，重点推动能源结构转型优化，控制煤炭消耗占比 2021—2025 年期间的下降速度大于 2026—2030 年期间的下降速度，分别下降 11% 和 8%，同时推动产业结构向现代服务业快速转型，是上海在 2030 年前实现碳达峰目标的有效途径。

基于重庆的碳排放综合调控模拟结果可知，综合调控情景三是其实现碳达峰的最优途径。即在现有规划及发展趋势下平稳控制人口增长和能源结构转型，适当放缓经济增速，强调社会经济的高质量、高效率发展，同时重点推动产业升级转型，控制第二产业比重在"十四五"期间下降 5%，"十五五"期间下降 10%，第三产业比重在"十四五"和"十五五"期间分别上升 5.2% 和 10.2%，能够帮助重庆在计划时间内完成碳达峰目标，并为大城市低碳发展提供政策制定参考和支持。

第 11 章 "碳达峰" 目标下城市空间发展情景

在前文章节中已经完成了对北京、上海、天津和重庆4个城市在不同发展情景下的碳排放情况的模拟，并找到了适合不同城市实现"双碳"的较优情景。那么，城市在实现"碳达峰"和"碳中和"的过程中，土地利用和空间结构又将发生怎样的变化呢？本章节以上海为例，同样也通过设定不同发展情景的方式，来探索城市在实现碳达峰过程中的土地利用和空间结构的演变情况。

在本章的论述中，首先根据上海市2000—2020年间的土地利用变化趋势和特征，探寻城市在城镇化和经济快速发展过程中各类土地利用类型的相互转化关系。以过去20年的转化趋势为基础进行模拟，预测出至2030年达峰时间点上的土地利用变化情况以及各类用地的空间分布情况。而在2020年至2030年的城市发展过程中，可能会存在几种不同的情景，本章会进行分别的模拟，这些不同情景所代表的意义如下：

基准情景，即在不施加任何政策影响下，以过去一段时间内城市的土地利用类型转化趋势为基础，模拟得到2030年的土地利用结构和空间分布。这一阶段，城市正在走向碳达峰的过程中，因此土地利用的转化还是从耕地、林地等碳汇用地向建设用地转化，而建设用地的增加会直接导致碳排放的增加。与此同时，随着城市经济的发展，由产业、交通、能源消耗等产生的碳排放量也在增加，直至实现碳达峰。

调节情景，在考虑保护生态环境的基础上，城市可以采取适当的措施来减缓建设用地的增长量，这也是很多地方城市正在实施的政策。那么在城市走向碳达峰的过程中，由建设用地增加直接导致的碳排放增速会减缓，而由产业、交通、能源消耗等产生的碳排放量会增大，直至实现碳达峰。

平衡情景，即认为城市在2020年以后建设用地不再增加，且可能向耕地、林地、草地保持一定的转化。即建设用地不再侵占碳汇用地的面积，同时不破坏其他土地利用转变的自然规律，也可以认为这种情景是一种严格的低碳情景。那么在这个过程中，城市土地利用转化直接带来的碳排放将减少，城市碳排放的增量将大量来自产业、交通、能源消耗等，直至实现碳达峰。

实际上，可能还存在其他各种情景，比如建设用地的增加速度超过过去的趋势，也有可能建设用地大量地转化为耕地。但是，这两者在当前中国城市发展的趋势下出现的可能性都很小，因为中国城镇化高速增长的时代已经过去了，因此本书不对这些特殊情景进行预测。

11.1 上海市空间特征变化分析

11.1.1 研究数据的来源与处理

（1）研究数据来源

在进行对上海市土地利用和空间结构变化的分析以及多情景模拟预测的研究中，主要基于上海市 2000—2020 年的土地利用栅格数据以及相关模拟基年的驱动因子栅格数据。

土地利用的栅格数据是关于城市空间格局研究的基础性内容。本书所采用的 2000 年、2005 年、2010 年、2015 年和 2020 年上海市的 30m 精度土地利用栅格数据来自中国科学院（以下简称中科院）资源环境科学与数据中心。这些数据中，2000 年、2005 年、2010 年和 2015 年的土地利用数据主要借助 Landsat-TM 遥感图像作为主要信息源，而 2020 年的数据主要依赖 Landsat-8 遥感数据，投影坐标统一采用 Krasovsky 1940 Albers，栅格大小为 30m×30m。这些高精度的数据为研究提供了坚实的基础，使得我们能够准确地分析和模拟上海市土地利用和空间结构的变化。

驱动因子的栅格数据主要用于土地利用和空间结构多情景模拟。驱动因子中，人口密度与地均 GDP 数据来源于中科院地理科学与资源研究所发布的中国人口空间分布公里网格数据和中国 GDP 空间分布公里网格数据。其中中国人口空间分布公里网格数据中，每个栅格表示 $1km^2$ 范围内的人口数量，单位为人 $/km^2$。而中国 GDP 空间分布公里网格数据集则以 1km 的栅格数据为基础，每个栅格代表相应范围内 $1km^2$ 的 GDP 总值，单位为万元 $/km^2$。这两者的投影坐标都采用 Krasovsky 1940 Albers。此外，其余的驱动因子栅格数据通过基于已有的土地利用类型栅格数据、上海市相关兴趣点（Point of Interest，POI）数据提取，并经过分析得出。

通过这些数据的结合和分析，本书可以进行细致的土地利用变化分析和多情景模拟预测，为上海市未来的发展提供科学依据。这些高精度的数据和模型不仅可以帮助理解过去的土地利用变化，还可以预测未来的变化趋势，从而支持城市规划和决策。通过研究这些数据，我们可以更好地理解上海市的城市化进程和空间结构演变，进而为实现城市的可持续发展提供有力支持。

（2）研究数据处理

中科院资源环境科学与数据中心提供的土地利用数据涵盖了 2000 年、2005 年、2010 年、2015 年和 2020 年的详细土地利用分类数据。这些数据包括一级和二级分类，为上海市的土地利用分析提供了丰富的信息和坚实的基础。

为了符合上海市实际的土地利用情况，本书将上海市的土地利用类型按一级分类划分为五类，分别是耕地、林地、草地、水域和建设用地。这五类土地利用类型覆盖了上海市大部分的土地利用情况，能够准确反映城市土地利用的总体格局。

在这五类一级分类的基础上，我们进一步细化了土地利用类型，将其分为16个二级分类的土地利用类型。

①耕地：水田、旱地。

②林地：有林地、疏林地、其他林地。

③草地：高覆盖度草地。

④水域：河渠、湖泊、水库坑塘、海涂、沼泽地、滩地。

⑤建设用地：城镇、农村居民点、工交建设用地。

基于土地资源的自然属性与利用属性，根据上海的地方分类标准，对于上海市土地利用类型的一级与二级分类关系进行如表11-1的调整。最后将2000—2020年的数据、驱动因子的栅格数据均通过重分类转换成30m×30m大小的栅格。

上海市土地利用类型表 表11-1

一级	二级	含义
耕地	水田	指有水源保证和灌溉设施，在一般年景能正常灌溉，用以种植水稻、莲藕等水生农作物的耕地，包括实行水稻和旱地作物轮种的耕地
	旱地	指无灌溉水源及设施，靠天然降水生长作物的耕地；有水源和浇灌设施，在一般年景下能正常灌溉的旱作物耕地；以种菜为主的耕地；正常轮作的休闲地和轮歇地
林地	有林地	指郁闭度＞30%的天然林和人工林。包括用材林、经济林、防护林等成片林地
	疏林地	指郁闭度＞40%、高度在2m以下的矮林地和灌丛林地
	其他林地	指未成林造林地、迹地、苗圃及各类园地（果园、桑园、茶园、热作林园等）
草地	高覆盖度草地	指覆盖＞50%的天然草地、改良草地和割草地。此类草地一般水分条件较好，草被生长茂密
水域	河渠	指天然形成或人工开挖的河流及主干常年水位以下的土地。人工渠包括堤岸
	湖泊	指天然形成的积水区常年水位以下的土地
	水库坑塘	指人工修建的蓄水区常年水位以下的土地
	海涂	指沿海大潮高潮位与低潮位之间的潮浸地带
	沼泽地	指地势平坦低洼，排水不畅，长期潮湿，季节性积水或常年积水，表层生长湿生植物的土地
	滩地	指河、湖水域平水期水位与洪水期水位之间的土地
建设用地	城镇	指大、中、小城市及县镇以上建成区用地
	农村居民点	指独立于城镇以外的农村居民点
	工交建设用地	指厂矿、大型工业区、油田、盐场、采石场等用地以及交通道路、机场及特殊用地

11.1.2 土地利用空间格局特征分析

根据上海市土地利用分类表，利用 ArcGIS 中的空间分析与统计分析、按掩膜提取、定义投影等工具处理，得到上海市 2000 年、2005 年、2010 年、2015 年和 2020 年的各土地利用类型面积以及各个土地利用类型的占比情况（表 11–2、图 11–1）。

上海市 2000—2020 年土地利用类型面积　　　表 11-2

用地类型	数据类型	2000 年	2005 年	2010 年	2015 年	2020 年
耕地	面积（km²）	4550.93	4236.32	3770.26	3596.96	3333.42
	占比	57.95%	53.95%	47.11%	44.95%	41.41%
林地	面积（km²）	103.08	111.23	101.48	98.26	109.35
	占比	1.31%	1.42%	1.27%	1.23%	1.36%
草地	面积（km²）	12.82	20	19.67	14.84	75.92
	占比	0.16%	0.25%	0.25%	0.18%	0.94%
水域	面积（km²）	1735.94	1636.52	1761.07	1729.67	1655.98
	占比	22.11%	20.84%	22.01%	21.62%	20.57%
建设用地	面积（km²）	1450.16	1848.91	2349.75	2562.17	2875.82
	占比	18.47%	23.54%	29.36%	32.02%	35.72%
统计		7852.93	7852.98	8002.23	8001.9	8050.49

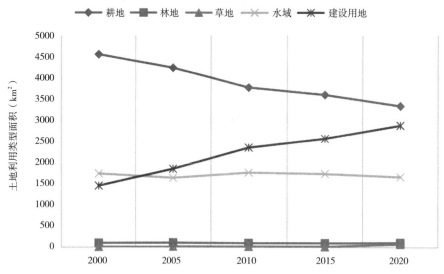

图 11–1　上海市 2000—2020 年土地利用类型变化

中国城市"双碳"情景与路径

早在 1986 年编制的城市总体规划中就明确了上海市城市建设的发展方向，即在建设和改造中心城的同时，充实并发展卫星城，有步骤地开发"两翼"，有计划地建设郊县小城镇。这使得上海形成了目前以中心城为主体，市郊城镇相对独立，中心城与市郊城镇有机联系的空间格局。这一规划奠定了上海市未来发展的基础，对城市的空间结构和土地利用产生了深远的影响。

截至 2000 年，上海市土地利用类型中，耕地占比超过总用地面积的一半，面积为 4550.93km^2，占比高达 57.95%。水域面积为 1735.94km^2，占比 22.11%；建设用地面积为 1450.16km^2，占比 18.47%；林地和草地的面积相对较小，分别为 103.08km^2 和 12.82 km^2，占比分别为 1.31% 和 0.16%。这些数据反映了上海市在世纪之交的土地利用格局，显示出农业用地占据了主要地位，而城市建设用地相对较少。

在 2000—2010 年的十年间，长三角地区的城镇化率迅速提升，上海市建设用地迅猛扩张。其中，2000—2005 年间新增城市建设用地面积为 398.75km^2。到 2005 年，上海市耕地面积下降至 4236.32 km^2，建设用地面积增加至 1848.91km^2，水域面积降低至 1636.52km^2，而林地和草地的面积均有所增加，分别为 111.23km^2 和 20km^2。这一时期的变化反映了上海市快速城市化进程中的土地利用转变，农业用地逐步减少，城市建设用地迅速增加。

数据显示，至 2010 年上海市耕地面积继续下降，减少至 3770.26km^2，占比为 47.11%；建设用地迅速增加到 2349.75km^2，比 2005 年增加了 500.84 km^2，占比为 29.36%；草地面积较 2005 年有所下降，为 19.67km^2，林地面积下降至 101.48km^2，水域面积有所增加，为 1761.07km^2。这一数据表明，尽管耕地和林地面积减少，但总体市域面积的增加和水域面积的波动显示出城市扩展和环境治理的复杂性。

在 2010—2020 年的十年间，上海市的城市建设用地面积继续增加，已成为主要的用地类型，仅次于耕地面积。2015 年，上海市耕地面积为 3596.96km^2，建设用地面积为 2562.17km^2，水域面积为 1729.67km^2，林地和草地的面积分别为 98.26km^2 和 14.84km^2。到 2020 年，上海市耕地面积减少至 3333.42km^2，占比为 41.41%，建设用地面积增加至 2875.82km^2，占比为 35.72%。林地和草地面积有所增加，占比分别为 1.36% 和 0.94%，但水域面积小幅度减少，面积占比为 20.57%。这些数据表明，虽然耕地面积持续减少，但下降速度自 2010 年起有所减缓，而建设用地的增速也有所减缓，林地和草地面积则有所增加，显示出一定的环境改善趋势。

总体来看，自 2000 年起至 2020 年止，上海市耕地面积持续下降，但下降速度自 2010 年起有所减缓；上海市建设用地面积持续增加，且增速在 2010 年后有所减缓；水域的面积整体呈现下降趋势；林地和草地的面积存在一些波动，但与 2000 年的同种地类相比，均呈现小幅增加，其中，草地面积和占比持续提升。这一变化趋势反映了上海市在城市化进程中的土地利用动态调整，以及在保持经济发展和生态环境保护之间的平衡的努力。

上海市自2000年以来，从各个时期土地利用的空间格局看，建设用地和耕地面积始终占据主导地位，水域主要是淀山湖、苏州河、黄浦江流域和长江出海口区域，林地和草地零散分布在上海市外环外的行政区。其中，水域的变化不大，耕地、林地、草地和建设用地的空间变化较为明显。

在2000年，上海市的城市建设用地主要集中在中心区域，呈现出明显的单中心集中特征。建设用地主要分布在浦西片区的杨浦区、虹口区、静安区、普陀区、黄浦区、徐汇区、长宁区和闵行区，这些区域集中了大部分的城市功能和人口。而浦东新区则只有黄浦江沿线有一些集中成片的建设用地，其他区域仍以耕地和自然用地为主。郊区行政区依然以耕地为主导，城市建设用地的集聚效应不显著，草地和林地零星散布在城市郊区。

随着城市的发展，上海的空间结构开始发生显著变化。到2005年，中心城区的建设用地进一步向外扩展，特别是向闵行区方向的扩展较为明显。同时，浦东新区、嘉定区、松江区和青浦区的建设用地面积斑块逐渐增大，并与中心城区的联系加强。此时，崇明区、浦东新区和金山区开始出现填海造陆现象，导致水域面积减少。全市的林地和草地略有增加，但幅度较小，其生态结构尚不够优化。

到了2010年，中心城区的建设用地向城市西北扩张极为显著，其中浦东新区的扩张最为明显，嘉定区和松江区的建设用地与中心城区连接，郊区各行政区的建设用地增多，且斑块边缘逐渐规整化，形成成片建设区域，同时对耕地的整体侵占较严重。2000—2010年，中心城区的建设用地在原有基础上充分向外扩张，逐渐形成中心城区为主，辐射城郊卫星城镇的中心城＋新城格局。

2010—2015年，中心城的建设用地扩张趋势有所减缓，郊区碎片化建设斑块减少，各行政区的最大建设斑块边缘更加规整。同时，浦东新区继续扩张，东南部出现大片填海造陆区域。各郊区的建设用地面积也进一步增加，城郊卫星城镇得到充分发展，城市功能逐渐完善。

到2020年，奉贤区和浦东新区沿海区域、大治河区域、黄浦江上游、淀山湖区域的绿地规模有所增加，呈现连片规模。但同时，这两个区沿海的建设用地也呈现连片趋势。中心城区向东、南、西三个方向扩展明显，崇明区的建设用地略有增加，出现了3个较大斑块，且斑块边缘较为整齐。这表明上海市的土地利用和空间结构已经由单中心向多中心格局转变，生态用地也由自然发展逐渐呈现规划状带状建设。

2000—2020年，上海市内陆区域已经形成多中心城市的土地利用空间结构。生态用地也由自然发展逐渐呈现规划状带状建设，各行政区的功能逐渐完善，城市进入内部空间结构优化的阶段。这一转变不仅改善了城市的生态环境，也提升了城市的整体功能和生活质量，为上海市的可持续发展奠定了基础。

11.1.3　土地利用动态度变化分析

通过土地利用动态度来分析单一土地利用类型的时序变化。土地动态度用于定量描述区域土地利用变化幅度与速度的指标，在单一土地利用类型的时序变化分析中，土地利用动态度的值越小，表示该地类的稳定程度高，即土地利用动态度与土地利用稳定性呈负相关关系。

土地利用动态度的公式为：

$$SU = \frac{S_b - S_a}{S_a} \times \frac{1}{T} \times 100\% \qquad (11-1)$$

式中，S_a 与 S_b 分别表示研究时间段内初期与末期的某种土地利用类型的面积，单位为 km²，T 是研究的时间年限，单位为年。

本章节通过土地利用动态度来描述上海市在不同时间阶段的土地利用类型的数量变化关系以及变化的剧烈程度。土地利用动态度是一个重要的指标，它能够反映不同类型土地利用在一定时期内的变化情况和剧烈程度，为我们理解和分析土地利用变化提供了重要依据。为了进行这种分析，本书基于上海市 2000 年、2005 年、2010 年、2015 年和 2020 年 5 个时间节点的各类土地利用类型的面积数据。这些数据来自中科院资源环境科学与数据中心，具有较高的精度和可靠性，为研究提供了坚实的基础（表 11-3）。

上海市 2000—2020 年土地利用格局变化度表　　　　表 11-3

用地类型 \ 年份	2000—2005	2005—2010	2010—2015	2015—2020	2000—2020
耕地	−1.38%	−2.20%	−0.92%	−1.47%	−1.34%
林地	1.58%	−1.75%	−0.63%	2.26%	0.30%
草地	11.20%	−0.33%	−4.92%	82.32%	24.60%
水域	−1.15%	1.52%	−0.36%	−0.85%	−0.23%
建设用地	5.50%	5.42%	1.81%	2.45%	4.92%

由表 11-3 可见，通过土地利用动态度描述了上海市不同时间阶段的土地利用类型的数量变化关系以及变化的剧烈程度。基于 2000—2020 年的五期土地利用类型面积数据，利用土地利用格局变化度计算模型，量化分析了上海市不同发展阶段的土地利用类型变化速度与变化幅度差异。

草地是土地利用类型中变化最为显著的。在 2000—2005 年间，草地面积呈增长趋势，随后在 2005—2015 年期间略有下降。然而，从整体来看，在 2000—2020 年的 20 年间，草地的总增长速率达到了 24.60%。特别是在 2015—2020 年的 5 年间，其增长速率更是高达 82.32%。这一显著增长反映了城市在绿地建设和生态保护方面的努力和成效。

建设用地在研究期间呈现持续增长的趋势，总体增长速率为 4.92%。在具体分期观察中，2000—2005 年建设用地的面积增加速率最大，达到 5.50%；2005—2010 年维持相似的速度扩张。然而，2010 年后，建设用地的面积扩张速率开始减缓，2010—2015 年的变化速率为 1.81%，2015—2020 年则略有加快，为 2.45%，尽管较前十年相对减缓。建设用地的持续增长与上海市城市化进程密切相关，反映了城市在扩展和发展过程中对土地的需求不断增加。

林地在研究期间的面积变化呈现出一定的波动，但总体上呈增加趋势，变化速率为 0.30%。其中，2015—2020 年的增长幅度最大，土地利用变化度达到了 2.26%。这表明，在城市快速发展的同时，林地保护和植被恢复工作也在不断加强。

与草地和林地的增加趋势相反，耕地和水域则呈现负增长趋势。耕地的整体变化速率为 –1.34%，水域的变化速率为 –0.23%。耕地在 2000—2020 年间持续减少，特别是在 2005—2020 年间的变化幅度最大，为 –2.20%。然而，2010 年后，耕地减少的幅度略有下降，这可能与城市规划和土地保护政策的实施有关。

水域面积变化在研究期间内呈现上下波动。2000—2005 年间，水域面积减少速度为 –1.15%；2005—2010 年，水域面积增加速度为 1.52%。然而，由于填海造陆等原因，自 2010 年起，水域面积一直在减少，整个 20 年间，水域面积的变化速率为 –0.23%。水域面积的波动反映了城市在扩展过程中的土地利用变迁及其对水资源的影响。

总体来看，上海市在 2000—2020 年间的土地利用变化反映了城市化进程中的显著变化。耕地减少速率减缓，建设用地增加速率减缓，林地和草地面积有所增加。这些变化既反映了城市快速发展导致各类土地利用类型面积和空间分布的显著变化，同时也表明上海市在前期快速增长后，城市的空间布局基本稳定，发展逐渐趋于合理。

11.2　上海市空间演变模拟模型构建

11.2.1　基于 Markov 模型的土地利用类型面积转移概率矩阵计算

通过 IDRISI Selva 中的 Markov 模型，获得不同时期的土地利用类型面积转移概率矩阵。竖排表示的是早期的土地利用类型，横排表示的是研究后期的土地利用类型。通过 Markov 土地利用类型面积转移矩阵可知，上海市土地利用类型在 2000—2010 年、2010—2020 年和

2000—2020 年间，每一种土地利用类型互相间都有不同程度的转化。

上海市 2000—2010 年土地利用类型面积转移概率矩阵（%）　　　表 11-4

年份	2010					
	土地利用分类	耕地	林地	草地	水域	建设用地
2000	耕地	81.28	0.12	0	0.42	18.18
	林地	0.48	90.04	0	0.31	9.17
	草地	5	15.26	75.68	2.88	1.18
	水域	3.73	0.05	0.57	91.7	3.95
	建设用地	0.35	0.02	0	0.02	99.61

2000—2010 年间（表 11-4），耕地类型在研究期间发生了显著的转变。其中，81.28%的耕地仍然保持原有的利用类型，还有大量的耕地转为建设用地，转移概率高达 18.18%。这一高比例的转变反映了上海市城市化进程中对建设用地的强烈需求。此外，耕地向林地和水域转移的面积概率分别为 0.12% 和 0.42%，但没有耕地向草地转移的情况。

林地在研究期间也发生了一定的变化。90.04% 的林地保持了原有的利用类型，显示出较高的稳定性，有 9.17% 的林地转向了建设用地，反映了城市扩展过程中对林地的侵占。林地向耕地和水域转移的面积概率分别为 0.48% 和 0.31%，没有林地向草地转移。这些数据表明，虽然大部分林地保持稳定，但部分林地被转用于其他用途，特别是建设用地。

草地的转移幅度较大，只有 75.68% 的草地保持了原有的用地类型。草地主要向林地和耕地转移，转移概率分别为 15.26% 和 5%。此外，草地转向水域和建设用地的面积较少，分别占草地总面积的 2.88% 和 1.18%。草地的这些转变反映了其在城市化过程中受到的影响较大，部分草地被转用于其他用途。

在水域用地类型的面积转移中，有 91.7% 的水域保持了原有用地类型，显示出较高的稳定性。转向耕地和建设用地的面积概率相近，分别为 3.73% 和 3.95%。此外，转为草地的水域占 0.57%，转为林地的水域仅占 0.05%。

建设用地的面积转移较小，99.61% 的建设用地依旧保持原有地类。这表明，建设用地在城市发展过程中基本不会转向其他用地，仅有 0.35% 的建设用地转向耕地，转向林地和水域的建设用地面积相等，均为 0.02%。没有建设用地转向草地。

通过对上海市 2000—2010 年间各类土地利用类型的动态度分析，可以看出不同土地利用类型在研究期间的变化情况。耕地和水域呈现负增长，主要转向建设用地；林地和草地的面积则有所增加，反映了城市在生态保护方面的努力。建设用地持续增长，但增长速率有所减缓。

年份	2020					
	土地利用分类	耕地	林地	草地	水域	建设用地
2010	耕地	80.96	0.63	0.44	2.49	15.48
	林地	14.59	62.5	6.12	3.95	12.84
	草地	23.08	0	52.97	11.13	12.82
	水域	7.96	0.9	1.74	83.08	6.32
	建设用地	5.15	0.27	0.49	1.97	92.12

2010—2020 年间（表 11-5），上海市各用地类型之间的转移更加显著，且大部分用地类型的转移幅度相较之前有所提高。这一时期的土地利用变化反映了城市快速发展和调整过程中各类土地利用类型的动态转变。

耕地向林地、草地、水域和建设用地的转变尤为明显。在 2010—2020 年间，80.96% 的耕地保持了原有的用地类型，15.48% 的耕地转为了建设用地，反映了城市化进程中对建设用地的强烈需求。此外，转向水域的耕地面积概率为 2.49%，虽然较少，但也表明了一部分耕地被重新利用或改造成了水域。转向林地与草地的耕地较少，分别为 0.63% 和 0.44%，但这也显示了一定程度的土地利用调整和生态恢复。

林地的转移幅度更为显著，只有 62.5% 的林地保持了原有的地类，转移比例显著高于耕地。14.59% 的林地转为耕地，12.84% 的林地转为建设用地，显示出林地在城市扩展和农业发展的压力下被转移的现象。转向草地的林地面积概率为 6.12%，这可能与林地生态功能的调整有关。转向水域的林地面积概率为 3.95%，这表明部分林地被改造成了水域，用于改善城市的水环境和生态功能。

草地的转移幅度较大，仅 52.97% 的草地保持了原有的用地类型，这一比例是所有用地类型中保持原状比例最低的。23.08% 的草地转为耕地，这可能与农业用地的需求增加有关。转向建设用地的草地面积概率为 12.82%，显示出草地在城市化进程中的转移趋势。转向水域的草地面积概率为 11.13%，反映了部分草地被改造成了水域，以增加城市的水体面积和改善生态环境。

水域在这 10 年间的转移也较为显著，83.08% 的水域用地类型保持了原有地类。转向耕地的水域面积概率最大，达到了 7.96%，这可能与填海造地和农业开发有关。转向建设用地的面积概率为 6.32%，显示出部分水域被转变为建设用地，以满足城市扩展的需要。少量的水域转向草地和林地，面积转移概率分别为 1.74% 和 0.9%，这些转变可能与生态修复和绿地建设有关。

建设用地的面积转移相对较小，但较 2000—2010 年间有所增加。在 2010—2020 年间，92.12% 的建设用地保持了原有地类，显示出其较高的稳定性。转向耕地的建设用地面积最多，面积转移概率为 5.15%，这可能是由于城市规划和土地利用调整的需要。转向水域的面积概率为 1.97%，这可能是为了改善城市的水环境。转向草地和林地的建设用地面积较少，分别为 0.49% 和 0.27%，显示出在一定程度上城市建设用地也有被转变为生态用地的情况。

上海市 2000—2020 年土地利用类型面积转移概率矩阵（%）　　　　　表 11-6

年份	2020					
	土地利用分类	耕地	林地	草地	水域	建设用地
2000	耕地	80.78	0.44	0.36	1.45	16.97
	林地	9.44	75.46	1.89	2.32	10.89
	草地	33.53	1.57	51.34	8.71	4.85
	水域	5.10	0.05	1.22	91.13	2.50
	建设用地	1.90	0.10	0.19	0.46	97.35

从 2000—2020 年的整体时间段上看（表 11-6），各用地类型之间的来源和去向呈现出明显的复杂关系。在这 20 年中，不同土地利用类型之间的转移反映了上海市在城市化进程中的土地利用动态变化。

耕地在这 20 年间发生了显著的转变，有 80.78% 的耕地保持了原有的用地类型，这显示了大部分耕地在这段时间内的相对稳定。然而，有 16.97% 的耕地转向了建设用地，这一高比例的转变反映了上海市快速城市化过程中对建设用地的强烈需求。此外，部分耕地还向水域、林地和草地转移，其面积转移概率分别为 1.45%、0.44% 和 0.36%。这表明了一些耕地被重新利用或转变为其他用途，如水资源开发和生态恢复。

林地在这 20 年间的转变也较为显著，只有 75.46% 的林地保持了原有的用地类型。林地主要转向建设用地、耕地、水域和草地，面积转移概率分别为 10.90%、9.44%、2.32% 和 1.89%。这些数据反映了林地在城市扩展和农业开发压力下的变化，特别是转向建设用地和耕地的比例较高，显示了林地在城市化过程中被大量转移的现象。

草地的转移幅度最大，仅有 51.34% 的草地保持了原有用地类型。草地主要转向耕地、水域、建设用地和林地，用地面积转移概率分别为 33.53%、8.71%、4.85% 和 1.57%。这一高比例的转移显示了草地在城市化和农业开发过程中被大量利用和转变的现象，特别是向耕地和建设用地的转移最为显著。

水域方面，有 91.13% 的水域保持了原有地类，这显示了水域在这段时间内的相对稳定性。

然而，水域也有部分向其他用地类型转移，主要转向耕地、建设用地、草地和林地，面积转移概率分别为5.10%、2.50%、1.22%和0.05%。这些转移反映了水域在城市扩展和生态调整中的变化，特别是向耕地和建设用地的转移，显示了一些水域被重新开发利用的趋势。

在这20年间，有97.35%的建设用地保持了原有地类，这表明建设用地在城市化过程中具有较高的稳定性。然而，仍有部分建设用地转向了其他用地类型，分别为1.90%转向耕地，0.10%转向林地，0.19%转向草地，0.46%转向水域。虽然这些转移比例较小，但显示了在城市建设达到一定水平后，部分建设用地被重新调整和利用的趋势。

总体来看，根据面积转移概率矩阵的分析，上海市在2000—2020年的20年间，大量的耕地、林地、草地和水域转移到了建设用地，表现出土地大规模开发利用的现象。特别是林地、草地和水域相对于其他用地类型，更容易向建设用地和耕地转移，这导致了水土涵养和生态固碳用地类型面积的减少。建设用地方面，保持原有用地面积的概率较高，但也存在向其他用地类型转移的趋势，显示城市建设已经达到较高水平，建设用地扩张逐步减缓。

11.2.2 基于 Logistic 分析的驱动因子确定

（1）驱动因子的选取

上海市城市空间的多情景模拟研究旨在预测2030年和2060年在不同情境下的土地利用和空间结构变化。为此，研究基于2010年和2020年的土地利用数据，以及影响土地利用变化的相关驱动因子，采用了CA-Markov模型进行模拟分析。CA-Markov模型结合了元胞自动机（CA）和马尔可夫模型（Markov Chain）的方法，适用于模拟土地利用和覆盖变化。CA模型通过定义元胞的状态及其变化规则，能够模拟空间格局的动态变化；而马尔可夫模型则通过概率转移矩阵来预测系统状态的变化。结合这两种方法，CA-Markov模型能够在时间和空间上对土地利用变化进行更为精确的模拟。

为了在Logistic分析中准确刻画影响上海市土地利用变化的主要驱动因素，本书选取了社会经济变量和自然地理两大主要驱动因素进行分析。一方面，基于已有的研究成果和上海市城市发展的实际情况，考虑到城镇化率高达89%，本书选择了人口密度和地均GDP作为社会经济自变量。人口密度是指单位面积内的人口数量，反映了人口分布情况；地均GDP则是单位面积内的GDP总值，反映了经济活动的强度。这两个指标能够有效地反映社会经济活动对土地利用变化的影响。自然地理变量也是影响土地利用类型变化的关键因素之一。鉴于上海市地势平坦，位于长江三角洲冲积平原，地形和坡度对土地利用的影响较小，因此未将地形和坡度条件纳入考虑。另一方面，为了全面分析土地利用变化的驱动因素，本书综合考虑了地理角度的空间距离变量。在进行Logistic模型对各个用地类型的影响因子分析时，选择了到主干道的距离、到铁路的距离、到居民点的距离，以及到水域的距离这 4 个指标作为空间解释变量。

研究步骤包括数据收集与处理、Logistic 回归分析、CA-Markov 模型模拟和结果分析与验证。首先，收集 2010 年和 2020 年的土地利用数据，并处理成适合 CA-Markov 模型分析的格式。然后，利用选取的社会经济和自然地理变量，进行 Logistic 回归分析，确定各变量对土地利用变化的影响程度。接着，将 Logistic 分析结果与 CA-Markov 模型结合，模拟 2030 年和 2060 年不同情境下的土地利用和空间结构变化。最后，对模拟结果进行分析和验证，评估模型的准确性，并探讨不同情境下的土地利用变化趋势。

这 6 个自变量的选择充分考虑了上海市土地利用类型变化的多方面因素（表 11-7）：

①人口密度。人口密度数据来源于中科院资源环境科学与数据中心的中国人口空间分布公里网格数据，每个栅格代表 $1km^2$ 内的人口数，单位是人 /km^2。

②地均 GDP。以相同大小的格网统计单元取代传统的行政单元制作的 GDP 空间分布网格数据集，研究数据来源于中科院资源环境科学与数据中心的中国 GDP 空间分布公里网格数据集，该数据为 1km 的栅格数据，每个栅格代表网格范围内 $1km^2$ 的 GDP 总值，单位是万元 /km^2。

③到主干道的距离。各个栅格单元到最近主干道的距离，将高速公路、国道、省道和城市一级道路归类为主干道。

④到铁路的距离。各个栅格单元到最近铁路的距离。

⑤到居民点的距离。各个栅格单元到最近村级居民点的距离。

⑥到水域的距离。各栅格单元到最近水域的距离。

影响上海市土地利用类型变化的驱动指标体系　　　　　　　　　　　　表 11-7

驱动因素	指标名称	单位	变量说明
社会经济	人口密度	人 /km^2	各个栅格单元的人口数量
	地均 GDP	万元 /km^2	各个栅格单元的生产总值
空间距离	到主干道的距离	m	各个栅格单元到最近主干道的距离，将高速公路、国道、省道和城市一级道路归类为主干道
	到铁路的距离	m	各个栅格单元到最近铁路的距离
	到居民点的距离	m	各个栅格单元到最近村级居民点的距离
	到水域的距离	m	各个栅格单元到最近水域的距离

（2）驱动因子的数据处理

对人口密度、地均 GDP、到主干道、铁路、居民点和水域的距离数据进行栅格重采样处理，取最邻近值将其设为 30m×30m 大小的分辨率，并将其行列数与土地利用栅格数据的行列数统一。将所得的结果全部转化为 IDRISI 可以识别的二进制文本书件 ASCII，导入 IDRISI 软件后转化为可视化的 RST 栅格文件。

对空间距离的驱动因素进行距离计算，得到各个栅格到主干道的距离、到铁路的距离、到居民点的距离以及到水域的距离。对人口密度、地均 GDP，以及 4 个空间距离驱动因素的值进行标准化计算，标准化计算公式如下：

$$\hat{U} = \frac{(U - V_{\min})}{U_{\max} - V_{\min}} \tag{11-2}$$

通过标准化计算，图像中所有像元的数据结果分布在 [0，1] 区间内，能够消除变异量纲和变异范围的影响，确保数据在同一量纲下进行比较。

（3）Logistic 分析与 Kappa 检验

通过土地利用重分类得到 2010 年的单类耕地、林地、草地、水域和建筑用地栅格图像，并以 2010 年的地类为因变量、社会经济和空间距离为自变量，进行 Logistic 分析，得到上海市各驱动因素对各个地类的影响作用（表 11-8）。

上海市土地利用类型及影响因子逻辑回归模型方程系数　　　　表 11-8

驱动因素	自变量因子	耕地	林地	草地	水域	建设用地
社会经济	人口密度（X2）	-9.02038525	-5.76762802	-9.56076599	-1.61696661	4.77168531
	地均 GDP（X1）	9.02069972	5.76780715	9.56072450	1.61680759	-4.77138139
空间距离	到主干道的距离（X3）	-32.95940305	-14.68608293	-16.99070458	-1.57359475	-17.06364699
	到铁路的距离（X4）	0.59067178	0.20085300	-2.35270905	-0.35248148	-1.46872362
	到居民点的距离（X5）	-17.28659677	-14.61370556	-15.79153765	-1.20551058	-17.09085674
	到水域的距离（X6）	-17.27776451	-15.34649400	-15.48796152	-19.15834974	-48.18012970
	ROC 值	0.8268	0.7231	0.6547	0.7212	0.8310

①耕地

耕地类型变化的 Logistic 回归分析结果显示，ROC 值为 0.8268。根据 Pontius R.G 提出的 ROC 方法，该值为 0.7~0.9，表明拟合结果具有较高的准确性，特别是对于耕地，拟合效果较为良好。这表明模型在预测耕地变化方面具有较强的可靠性。

在耕地变化的分析中，自变量的回归系数提供了有意义的解释。在社会经济因素中，人口密度对耕地变化有显著的负面影响，其回归系数为–9.02。这意味着随着人口密度的增加，耕地转变为其他土地利用类型的概率降低。一方面，这一结果表明，高人口密度区域往往更需要保持耕地以支持人口的粮食需求或其他农业活动；另一方面，地均GDP对耕地变化的回归系数为9.02，这表明随着GDP的增加，其他土地利用类型向耕地转变的概率增加。这可能是因为经济增长带来了更高的土地利用效率和农业投资，使得一些土地重新转变为耕地。

在空间距离因素中，距离主干道和居民点的距离对耕地转化为其他用地类型的影响较大。两者的回归系数均为负数，表明耕地通常分布在靠近主干道和居民点的区域，可能是因为这些区域交通便利，利于农产品的运输和销售。同时，与水域的距离成反比关系，表明随着到水域的距离增加，耕地转变为其他用地类型的概率减小。这可能是由于水源接近的区域更适合农业生产，特别是需水量大的作物种植。

此外，耕地与铁路的距离成正比，说明靠近铁路的区域更容易出现耕地转变。这可能是因为铁路周边区域往往被优先开发为工业或商业用地，导致原有的耕地被转变为其他用途。

②林地

对于林地的变化，Logistic模型的ROC值为0.7231，表示拟合效果较好。在对林地变化进行分析时，自变量的回归系数提供了有意义的解释。

一方面，在社会经济因素中，人口密度对林地变化的影响较为显著，其回归系数为–5.77。这表明，随着人口密度的增加，其他用地类型转变为林地的概率减小。高人口密度区域通常需要更多的土地用于居住、商业和工业用途，因此这些区域的林地转变概率较低。另一方面，地均GDP与林地变化呈正相关关系，其回归系数为5.77。这意味着随着地均GDP的增加，林地转变的空间概率增大。较高的GDP水平可能反映了更好的资源管理和环境保护措施，从而促进了林地的保存和恢复。

在空间距离驱动因素中，到水域的距离、到居民点的距离和到主干道的距离是主要解释因子，且回归系数均为负数。这表明，林地通常分布在远离水域、居民点和主干道的区域。这一结果可能是因为这些区域更适合保留或发展为林地，受到人类活动的干扰较少。此外，距离主干道较远的区域可能交通不便，开发成本较高，因此保留为林地的概率更大。

相似地，到铁路的距离成正比，说明林地倾向于分布在靠近铁路的区域。靠近铁路的区域可能因为交通便利，林地被保留下来以便于运输木材或其他林产品。

③草地

对于草地的变化，Logistic模型的ROC值为0.6547，表明有一定的拟合效果。在分析草地变化时，自变量的回归系数提供了有意义的解释。

首先，在社会经济因素中，人口密度对草地变化影响较为显著，其回归系数为–9.56。这表明，随着人口密度的增加，其他用地类型转变为草地的概率减小。在高人口密度区域，土地往往被用于居住、商业和工业用途，导致草地减少。其次，地均GDP与草地变化的空间概率呈正相关，说明随着地均GDP的增加，草地转变的概率增加。这可能是由于经济发展带来的环境保护措施和草地恢复项目。

在空间距离因素中，到主干道、居民点和水域的距离与草地变化呈负相关，回归系数绝对值较大，说明这些因素对草地分布的影响更为显著。具体来说，草地一般分布在靠近主干道、居民点和水域的地方。这可能是因为这些区域更适合草地的生态需求，同时也方便人类活动的接近和利用。

④水域

在水域变化的Logistic回归分析中，得到的ROC值为0.7212，表明拟合结果较为准确。通过对社会经济因素和空间距离因素的分析，得到了以下主要结果。

一方面，在社会经济因素中，人口密度与水域转变的空间概率成反比，回归系数为负。这意味着随着人口密度的增加，水域转变为其他用地类型的概率减小。这可能是因为高人口密度区域通常需要维持一定的水域面积以支持生活和生态需求。另一方面，地均GDP与水域转变的空间概率成正比，回归系数为正，说明随着经济发展，水域转变的概率增加。这可能是由于经济发展带来的环境保护和水域恢复项目的增加。

在空间距离因素中，到水域的距离是最为显著的驱动因子，回归系数为负数。这表明，越靠近现有水域的地区，越有可能转化为水域。这一结果反映了水域扩展和连接的自然趋势，因为水域往往会向周围低洼地区扩展。

上海市的水系主要为黄浦江水系与苏州河水系，这些水系一般较难发生显著变化。如果水域发生变化，主要驱动因素往往是难以量化的政策因素，如城市规划中的水系保护和治理政策。因此，在后续的模拟过程中，将限制水域向其他用地转变，以更符合现实的发展状况。

⑤建设用地

在建设用地的变化分析中，Logistic模型的ROC值达到了0.8310，表明拟合结果具有较高的准确性。通过对社会经济因素和空间距离因素的分析，得到了以下主要结果。

一方面，在社会驱动因素中，人口密度与建设用地的空间出现概率成正比，回归系数为正。这表明，建设用地更有可能分布在人口密度较高的区域。这一现象可以解释为高人口密度区域通常需要更多的土地用于住宅、商业和工业用途，从而导致建设用地的增加。另一方面，地均GDP对建设用地变化有显著的负面影响，回归系数为−4.77，表明随着地均GDP的增加，建设用地转变的概率减小。这可能是因为高经济水平地区已经有较为完善的基础设施和建设用地，进一步增加建设用地的需求相对较少。

在空间距离因素中，到主干道、铁路、居民点和水域的距离与建设用地的空间转化概率成反比，回归系数均为负数。这表明，建设用地通常分布在靠近这些基础设施和地理要素的区域。

11.2.3 参数设定

基于上海市 2010—2020 年的土地利用变化数据，这十年间上海市的土地利用类型在数量和空间上都发生了显著变化。耕地、林地、草地和水域面积大量减少，而建设用地面积不断增加，各个地类之间也持续发生转化与转移的关系。通过对 2020 年的土地利用数据进行 Logistic 回归分析，得到的耕地、林地、草地、水域和建设用地的 ROC 值分别为 0.8268、0.7231、0.6547、0.7212 和 0.8310。这些 ROC 值均大于 0.5，表明土地利用适宜性模型下的数据拟合较为准确，对各个地类的拟合效果良好，所选取的驱动因子能够较好地解释各个地类的空间分布和变化。

因此，可以 2020 年为研究基年，通过 Logistic 回归模型得到各个土地利用类型在各个栅格上出现的空间分布概率图。这进而有助于制作土地利用适宜性图集。通过 IDRISI 软件中的集合编辑器，可依据重分类的顺序建立土地利用适宜性图集。综上，本书以上海市为研究区域，基于 2010—2020 年的土地利用转变，采用 Markov 模型预测出 2030 年和 2060 年土地利用面积转移矩阵和转移概率矩阵。通过 Logistic 分析确定了各种影响因子对不同土地利用类型变化的影响程度，并建立了适宜性约束条件，制作了土地利用适宜性图集。随后，在设定了多种情景的基础上，将适宜性图集和土地利用面积转移矩阵输入 CA-Markov 模型，模拟并预测了 2030 年和 2060 年上海市在不同情景下的土地利用空间分布格局。

Logistic 回归分析显示，耕地、林地、草地、水域和建设用地的空间分布和变化受到多种因素的影响。耕地的变化主要受到人口密度和地均 GDP 的影响，人口密度增加会减少耕地面积，而地均 GDP 增加则有利于耕地保护。林地的变化受人口密度、地均 GDP 以及到水域、居民点、主干道的距离影响，林地往往分布在远离这些区域的地方。草地的变化也受人口密度和地均 GDP 的影响，草地通常分布在靠近水域和居民点的地方。水域的变化主要受人口密度、地均 GDP 和到水域的距离影响，水域通常分布在现有水域的附近。建设用地的变化受人口密度和地均 GDP 的影响，建设用地通常分布在高人口密度和经济发达的区域，且靠近主干道、铁路、居民点和水域的地方。

11.3 基于 CA-Markov 模型的上海市 2030 年空间多情景预测

11.3.1 发展情景设定

根据城市发展的一般规律，设定 2020—2030 年间的三种不同城市发展情景，分别为保持过去 2000—2020 年发展规律（即建设用地增长保持原有速度）的基准情景；在过去 2000—2020 年发展基础上进行一定的政策调节（即降低建设用地的增长速度）的调节情景；以及在过去 2000—2020 年发展基础上进行严格的低碳政策调节（即不仅限制建设用地的增长，还设定建设用地按照一定速度向耕地等碳汇用地转化）的平衡情景。具体情景假设如下：

基准情景的设定是在不施加任何政策影响下，模拟 2030 年上海市的土地利用变化情况。具体方法是以 2020 年的土地利用类型为基础，采用 Markov 模型预测得出的 2030 年土地利用转移矩阵和 2020 年通过 Logistic 分析生成的土地利用适宜性图集作为转换规则。该情景反映了在自然增长下，建设用地、耕地、林地、草地和水域的空间分布变化情况。

在调节情景中，考虑了保护生态环境的城市发展政策，设定了建设用地增长的限制条件。具体方法是减低建设用地的增长量，设定其他用地转变建设用地按照 2010—2020 年转移量的一半增长，其他土地利用类型按原有趋势进行转变。该情景保持了林地、草地和耕地的总量，限制了城市扩张对林地、草地和水域的侵占行为。通过修改 Markov 模型的参数，调整土地利用转移矩阵，实现调节情景的模拟。

平衡情景假设在 2020 年以后，建设用地不再增加，并且开始向耕地、林地和草地转化。这一情景设定了严格的低碳政策，限制建设用地的扩展，同时不破坏其他土地利用转变的自然规律。该情景反映了建设用地向碳汇用地转化的情况，通过修改 Markov 模型的参数，调整土地利用转移矩阵，实现平衡情景的模拟。

11.3.2 CA-Markov 模型的参数选择

在进行 CA-Markov 模型模拟的过程中，以上海市 2020 年的土地利用数据作为研究基年，将 Logistic 回归模型得到的土地利用适宜性图集与修改过参数的土地利用面积转移矩阵作为转换规则，设置迭代次数为 10，并且选用 IDRISI 软件中默认的 5×5 滤波器，分别对以上三种情景下的上海市土地利用变化情况进行模拟预测。

中国城市"双碳"情景与路径

11.3.3　土地利用数量结构预测

对比分析三种情景的土地利用类型与上海市20230年土地利用类型的数据结果（表11-9）。

上海市2030年不同情景下的土地利用类型面积及占比　　　　　　　　表11-9

土地利用类型	数据类型	2020年	2030年		
			基准情景	调节情景	平衡情景
耕地	面积（km²）	3333.41	2742.39	2873.07	3003.75
	占比（%）	41.41	34.06	35.69	37.31
林地	面积（km²）	109.35	114.17	118.05	118.65
	占比（%）	1.36	1.42	1.47	1.47
草地	面积（km²）	75.92	105.30	109.69	114.08
	占比（%）	0.94	1.31	1.36	1.42
水域	面积（km²）	1655.98	1963.26	1963.26	1963.26
	占比（%）	20.57	24.39	24.39	24.39
建设用地	面积（km²）	2875.82	3125.54	2986.58	2850.90
	占比（%）	35.72	38.82	37.09	35.41
合计	总面积（km²）	8050.48	8050.66	8050.65	8050.64

在对比基准情景下2030年上海市土地利用类型模拟数据与2020年实际数据时，观察到耕地面积大幅降低，减少面积约占总面积比例的7.4%，而建设用地面积显著增加，占总面积比例约为3%。林地约增加0.06%，草地面积略微增加，占总面积比例约0.37%，水域面积变化为3.82%。在调节情景下，2030年上海市土地利用模拟数据与2020年实际数据相比，建设用地面积略有增加，约占总面积比例的1.38%。耕地面积减少，约占总面积比例的5.72%。林地和草地面积略有增加，分别约占总面积比例的0.11%和0.42%。在平衡情景下，2030年上海市土地利用模拟数据显示，建设用地面积与2020年实际数据较为接近，减少面积约占总用地面积比例的0.31%。耕地面积减少，约占总面积比例的4.1%。林地和草地面积有所增加，分别约占总面积比例的0.11%和0.48%。

通过对比以上三种情景，可以发现同一土地利用类型在不同情景下存在变化的差异。具体结论如下：在三种情景下，耕地均减少，符合城市自然发展趋势。在基准情景下减少最为显著，在调节情景和平衡情景下有所缓解。建设用地在基准情景和调节情景下均有所增加，但在平衡情景下则有所减少，体现了严格的土地利用控制。林地和草地在三种情景下均增加，表明在各种情景下都对生态用地有所保护。特别是在平衡情景下，增加幅度最大，反映出对碳汇用地的重视。水域在基准情景下变化较为明显，而在其他情景下相对稳定。

11.3.4 土地利用空间分布预测

三种不同情景下模拟预测的上海市2030年土地利用状态的空间分布格局尤其是建设用地、林地、草地和耕地这四类用地类型存在明显差异。

在基准情景下，2030年上海市的土地利用模拟结果显示，中心城区建设用地的面积以摊大饼的状态持续增大。随着建设用地的扩展，中心城区的耕地几乎完全被侵占，呈现出城市扩张对农业用地的显著影响。同时，中心城区周边的卫星城镇也在快速扩大，进一步加剧了农田的破碎化。农田中心出现了多个小型的建设用地斑块，导致农田景观的破碎度进一步加剧。这种现象反映了城市化进程中的土地利用变化趋势，表现出建设用地对耕地的强烈需求和侵占压力。此外，林地和草地主要分布在中心城区的外围，显示出城市中心区域对生态用地的需求较少，更多的是保留在城市的边缘地带。

在调节情景下，2030年上海市的土地利用模拟结果显示，建设用地的扩展速度有所减缓，特别是在调节其他用地转向建设用地速率的基础上进行的模拟中，中心城区外的建设用地有所减少，更多地转化为耕地，尤其是在崇明岛区域。建设用地在中心城区更加集聚，表现出一定的集中化发展趋势。

在这种情景下，中心城区外的建设用地减少，使得中心城区的建设用地更为集中，城市外围的耕地面积有所增加，反映了政策调节对保护农业用地的积极作用。同时，林地和草地等高碳汇用地面积略有增加，但尚未显现出明显的规模化发展态势。尽管生态用地有所增加，但规模和覆盖范围仍较小，显示出调节政策对生态保护的效果有限。

对比基准情景，调节情景下的建设用地扩展受到了一定程度的控制，中心城区的耕地和生态用地得到了相对较好的保护。通过限制建设用地的扩展速度，特别是在城市外围区域，调节情景下的土地利用变化显示了政策调节在保护耕地和促进生态用地恢复方面的积极作用。然而，由于调节力度有限，林地和草地的增加幅度较小，未能形成大规模的生态用地网络。

在平衡情景下，对建设用地的发展进行规划限制，减少耕地、林地和草地等碳汇用地被建设用地继续侵占，同时有目的地将建设用地向林地、草地等生态用地转移。模拟结果显示，建设用地面积有所减少，中心城区的建设用地仍然集中，但崇明岛和南部区域的建设用地相对减少更多，土地保留为耕地和其他用地。

具体来看，平衡情景下，建设用地在中心城区仍然保持一定的集中度，但由于规划限制，建设用地的扩展受到明显抑制，特别是在崇明岛和南部区域，这些地区的建设用地减少，更多的土地被保留为耕地和其他用地。同时，林地和草地面积略有增加，反映了对生态环境的保护和土地利用的优化。

通过对比不同情景，平衡情景展现了对建设用地的严格控制，避免了过度的城市扩展对生态用地的侵占。这种规划限制使得更多的建设用地转化为林地和草地，增强了城市的碳汇能力，并有助于生态环境的恢复和改善。尽管林地和草地的增加幅度较为有限，但相对于其他情景，这一变化体现了更强的生态保护意识和可持续发展的目标。

第12章 "碳中和"目标下城市空间发展情景

在上一章节对上海在 2030 年的城市土地利用和空间结构进行模拟的基础上，本章对上海到 2060 年实现"碳中和"的过程进行模拟。在这个过程中，城市发展也将遵循几种不同的发展情景，每一种情景都代表城市的一种发展状态。

12.1 发展情景设定

本章继续以上海为研究对象，通过 Logistic 分析确定了各种影响因子对不同土地利用类型变化的影响程度，并建立了适宜性约束条件，制作上海市发展至 2060 年"碳中和"时的土地利用图集。这个过程中城市发展也会存在几种不同的发展情景，这几个发展情景的逻辑解释如下。

基准情景：城市实现"碳达峰"后土地利用继续按照过去速度发展转移（理论上碳排放还会保持原有速度继续增加），但要实现"碳中和"，必须要消减掉所有的碳排放。这就需要通过调整产业结构、能源结构、提高技术手段、进行碳排放交易等多种方式实现，且这种情景下实现"碳中和"的难度最大。

调节情景：城市实现"碳达峰"后通过政策调控使建设用地的增长速度低于过去速度，城市碳排放增长趋势会有所减缓。但要实现碳中和，必须要消减掉所有的碳排放，这个量尽管也很大，但是较没有政策调控的情景下已经有大幅下降。

平衡情景：城市实现"碳达峰"后通过严格的政策调控，使城市建设用地不再增加，用地转换只在其他几类用地（耕地、林地、草地）中发生，那么由建设用地增加引起的那部分碳排放不再增加。这样一来，在实现碳中和过程中，城市需要通过其他手段进行碳消减的量将大大减少。

低碳情景：城市实现"碳达峰"后通过各种调控手段，使建设用地持续转化为其他几类用地（耕地、林地、草地）。那么城市在实现碳中和过程中，通过其他政策手段，比如调整产业结构、能源结构、提高技术手段、进行碳排放交易等进行减碳的数量将大大减少，城市实现碳中和的难度也大大减小。

实际上，可能还存在其他各种情景，比如建设用地的增加速度超过过去的趋势，也有可能建设用地大量转化为耕地。但是，根据目前中国城镇化的增长速度，在 2030—2060 年间，再出现高速城镇化过程或者出现大幅倒退的情况都不大可能，因此本书不对这些特殊情景进行预测。

基于这些思考，我们设定了基准情景、调节情景、平衡情景和低碳情景这样四种情景的土地转移矩阵，在此基础上，将适宜性图集和土地利用面积转移矩阵输入 CA-Markov 转移矩阵，模拟并预测了 2060 年上海市在不同情景下的土地利用空间分布格局。

12.2 土地利用数量结构预测

在进行 CA-Markov 模型模拟的过程中,以上海市 2020 年的土地利用数据作为研究基年,将 Logistic 回归模型得到的土地利用适宜性图集与修改过参数的土地利用面积转移矩阵作为转换规则,设置迭代次数为 10,并且选用 IDRISI 软件中默认的 5×5 滤波器,分别对四种情景下的上海市土地利用变化情况进行模拟预测(表 12-1)。

上海市 2060 年不同情景下的土地利用类型面积　　　　　　表 12-1

序号	土地利用类型	数据类型	2020 年	2030 年	2060 年			
					基准情景	调节情景	平衡情景	低碳情景
1	耕地	面积(km²)	3333.41	2742.39	2070.86	2451.16	2833.91	2953.51
		占比(%)	41.41	34.06	25.72	30.45	35.20	36.69
2	林地	面积(km²)	109.35	114.17	92.97	105.43	117.22	122.98
		占比(%)	1.36	1.42	1.15	1.31	1.46	1.53
3	草地	面积(km²)	75.92	105.30	101.15	109.65	118.02	126.74
		占比(%)	0.94	1.31	1.27	1.36	1.46	1.57
4	水域	面积(km²)	1655.98	1963.26	2227.08	2227.08	2226.68	2276.85
		占比(%)	20.57	24.39	27.66	27.66	27.66	28.28
5	建设用地	面积(km²)	2875.82	3125.54	3558.42	3157.16	2754.54	2570.31
		占比(%)	35.72	38.82	44.20	39.22	34.22	31.93
	合计 *	总面积(km²)	8050.48	8050.66	8050.48	8050.48	8050.37	8050.39

注 *:合计中总面积有细微差别主要是遥感图纸识别后的细微误差,不影响统计分析结果的准确性。

对比基准情景下 2060 年上海土地利用类型模拟数据与 2020 年实际数据,观察到耕地面积大幅降低,减少面积占土地总面积的 15.69%,而建设用地面积显著增加,增加面积占总面积的 8.48%。林地略微减少,草地略微增加。

在调节情景下,2060 年上海土地利用模拟数据与 2020 年实际数据相比,耕地和林地面积减少,减少面积占土地总面积的 10.96% 和 0.05%。草地和建设用地面积有所增加,增加面积分别占总面积的 0.42% 和 3.5%。建设用地减少最多,主要转移为耕地。

平衡情景下,2060 年上海土地利用模拟数据与 2020 年实际数据相比,耕地面积大幅减少,减少面积约占土地总用地面积的 6.2%；建设用地面积略微减少，减少面积占总面积的 1.5%；林地和草地面积都有所增加，分别占总面积的 0.1% 和 0.53%。

低碳情景下，2060 年上海土地利用模拟数据与 2020 年实际数据相比，耕地和建设用地面积都有所减少，减少面积约占土地总面积的 4.7% 和 5.8%；林地和草地面积都有所增加，增加面积分别占土地总面积的 0.17% 和 0.63%。建设用地减少的面积主要转移为林地和草地。

可以发现，同一土地利用类型在不同情景下的变化差异还是比较大的。其中，耕地在四种情景下均有所减少，符合城市发展的规律。林地在平衡情景和低碳情景下均增加，草地在四种情景下均增加，且在调节情景下增长最多，建设用地在平衡情景和低碳情景下都减少，且在低碳情景下减少最多。

综合分析上海市 2060 年不同情景下的土地利用和空间结构发现，在不同的规划政策干涉下，城市土地利用呈现出不同的转移格局，这些模拟结果可为城市未来土地规划和可持续发展提供重要参考。

12.3 土地利用空间分布预测

四种不同情景下模拟预测的上海市 2060 年土地利用的空间分布格局，尤其是建设用地、林地、草地和耕地这四类用地类型存在明显差异。

基准情景下，城市建设用地的面积继续按照过去的增长速度增加，侵占中心城区四周的耕地。同时，原有郊区的城镇面积也在快速扩大，原有耕地中也产生多个小型的建设用地聚集，农田景观的破碎度进一步加剧，林地、草地则主要分布在城市的南部区域。

调节情景下，建设用地的增长得到了减缓。该情景下，崇明岛及远离城市中心城区的城镇建设用地明显减少，这些建设用地大多转化为耕地、林地、草地等碳汇用地，城市的中心化特征加剧；但林地、草地等高碳汇用地尚未显现出明显的规模化发展态势。

平衡情景下，城市需要保持建设用地面积与达峰时一致，并有部分建设用地有目的地向林地、草地等生态用地转移。因此，林地和草地的面积向四周扩散，尤其是中心城区外围及一些沿海地区形成了稍大规模的林地和草地区域。

低碳情景下，城市限制了建设用地的增加，并持续将其转化为其他几类用地（耕地、林地、草地）。因此，可以看到崇明岛的建设用地明显减少，中心城区建设用地也几乎缩减为 2020 年的规模，林地和草地的面积继续向四周扩散，逐渐呈连片带状与面状分布。

第 13 章　城市碳排放的时空校核

13.1 城市空间碳排放测算方法

13.1.1 测算框架

城市土地利用及其变化会显著影响生态系统的物质循环与能量流动，从而导致该地区碳排放量的变化。同时，城市土地的结构和承载功能与碳排放密切相关，包括直接排放与间接排放两种类型。

直接碳排放是指土地利用类型转变导致生态系统类型更替产生的碳排放，或是由于土地经营管理方式转变而产生的碳排放。这类碳排放通常占据土地利用类型变化的 20% 左右。直接排放的主要来源包括森林转为农业用地或城市建设用地，草地转变为其他类型用地等，这些变化都会释放储存在植被和土壤中的碳。土地具有承载活动的功能，人类的社会经济活动与土地利用密切相关，并最终落实到不同的土地利用方式上。因此，土地所承载的人类活动引起的碳排放即为土地利用间接碳排放。间接碳排放主要涉及建筑、交通、工业等人类活动对土地的利用，这些活动消耗能源并放温室气体，对城市碳排放总量有重要影响。

本书采用宏观的遥感和地图估算法对城市土地利用净碳排放量进行测算。将研究区域的土地利用类型分为耕地、林地、草地、水域（湿地）和建设用地五种类型。参考《IPCC 国家温室气体清单指南》等研究，并根据我国的实际情况，考虑数据的可获取性，本书选择系数参考高水平研究论文，通过测算化石能源使用量的间接估算法计算城市建设用地的碳排放量。同时，通过选择符合我国国情和上海市自然地理情况的相关研究文章内的碳汇系数，测算上海市耕地、林地、草地、水域等土地利用的碳吸收量。

13.1.2 碳源类土地（建设用地）碳排放量测算方法

城市建设用地的碳排放量主要来源于社会经济活动所产生的能源消耗、人类活动以及废弃物的处理。在计算建设用地的碳排放量时，一般通过间接估算法进行估算。本书采取计算煤、石油等终端能源消耗产生的碳排放来间接估算建设用地的碳排放量。

建设用地是第一产业、第二产业、第三产业和生活消费四类活动的空间载体。这四类生产生活活动消耗能源所产生的碳排放即为研究区域建设用地的碳排放。

因此，建设用地的能源碳排放量计算公式如下：

$$C_{build} = \sum CE_{ij} = \sum AD_{ij} \times \alpha_i \times k_i \tag{13-1}$$

式中，CE_{ij} 指的是第 j 类生产生活活动消耗的 i 类化石燃料的二氧化碳排放量，AD_{ij} 表示

第 j 类生产活动的第 i 类化石能源的消耗量，α_i 是第 i 类能源转换为标准煤的系数；$AD_{ij} \times \alpha_i$ 是 j 类活动 i 类能源转换为标准煤的消耗量，单位是 tce，读作万 t 标准煤；k_i 为第 i 类能源碳排放系数。

参考《中国能源统计年鉴》和国家统计局数据，各类化石燃料的标准煤转换系数与碳排放系数如表 13-1 所示。

各类能源标准煤转换系数与碳排放系数表 表 13-1

类别	标准煤转换系数	碳排放因子
原煤	0.7143	1.9
洗精煤	0.9	2.41
其他洗煤	0.2857	1.41
型煤	0.6	1.97
焦炭	0.9714	2.85
焦炉煤气	0.5929	8.04
其他煤气	0.5571	3.73
原油	1.4286	3.02
汽油	1.4714	2.93
煤油	1.4714	3.04
柴油	1.4571	3.1
燃料油	1.4286	3.17
液化石油气	1.7143	3.13
炼厂干气	1.5714	3.04
天然气	1.215	2.17
其他石油制品	1.2	3.01
其他焦化产品	1.3	2.86
热力	—	11
电力	0.1229	0.733

数据来源：参考《中国能源统计年鉴》和国家统计局数据绘制
注：标准煤的折算系数中，焦炉煤气、其他煤气、天然气的单位是 kg C/m³，热力的碳排放系数是 kg C/MJ，电力的标准煤折算系数是 kg C/kW·h，其余化石能源的标准煤折算系数单位均 kg C/kg。

13.1.3 碳汇类土地（非建设用地）碳吸收量测算方法

耕地、林地、草地、水域的碳排放核算可以直接根据土地利用方式的碳排放或是碳吸收系数估算。其估算公式如下：

$$C_i = \sum S_i \times \delta_i \qquad (13-2)$$

式中，C_i 为研究区域内第 i 种土地利用类型的碳排放量，S_i 是研究区域内第 i 种土地利用类型的面积，δ_i 是第 i 种土地利用类型的碳排放系数；当第 i 种土地利用类型表现为碳源时，δ_i 为正值，若第 i 种土地利用类型表现为碳汇时，δ_i 为负值。

本书选择系数参考高水平研究论文，选择符合我国国情和上海市自然地理情况的碳吸收系数。佘玮等人基于 2011—2013 年中国统计年鉴研究我国 6 个典型农业区的农田碳汇系数，其中长江中下游区域的耕地年均土壤有机碳储量速率为 167.32kg/（ha·a），本书采取该土壤有机碳储量速率作为研究区域耕地的碳汇系数，并转换为 0.016732kg/（m²·a）。根据已有研究基于 2001—2010 年"碳专项"调查数据测算得到的 2001—2010 年中国森林生态系统碳汇，确定研究区域林地的碳汇系数为 0.08345kg/（m²·a）。草地的碳汇系数则参考已有研究中动态模拟 394.93 万 km² 的草地面积得出 1961—2013 年我国草地生态系统碳汇的速率为 19.4TgC/a，因此，将本书研究区域的草地系数定为 0.00492kg/（m²·a）。《国际湿地公约》中定义湿地为：地球上除海洋（水深 6m 以上）外的所有大面积水体。本书水域用地类型碳排放系数借助湿地生态系统碳排放系数的研究确定。相关研究表明，上海湿地中，35.71% 属于滨海湿地，64.29% 属于内陆湿地。因此，上海水域的碳汇测算分为陆地湿地碳汇与滨海湿地碳汇。已有研究发现，滨海湿地表现出较强的碳汇特征，其固碳速率为 208.37±89.32gC/〔kg/（m²·a）〕；内陆湿地则表现为弱碳汇或是碳中性，其固碳速率为 93.15±23.65gC/〔kg/（m²·a）〕。

因此，上海市土地利用类型的碳汇系数具体可见表 13-2。

土地利用类型碳汇系数　　　　　　　　　　　　　　表 13-2

土地利用类型	碳汇系数〔kg/（m²·a）〕
耕地	0.016732
林地	0.08345
草地	0.00492
水域—滨海湿地	0.20837
水域—内陆湿地	0.09315

13.2 上海市碳源／碳汇用地排放测算

13.2.1 建设用地排放测算方法

根据《中共上海市委上海市人民政府关于完整准确全面贯彻新发展理念做好碳达峰碳中和工作的实施意见》（以下简称《实施意见》），上海市提出了"2025 年、2030 年、2060 年"的分阶段目标。到 2025 年，上海市非化石能源消费比重争取达到 24%，森林覆盖率提高至 66% 以上，森林蓄积量达到 7300 万 m³；到 2030 年，单位 GDP 二氧化碳排放较 2005 年下降 75% 以上，非化石能源消费比重力争达到 30% 左右，可再生能源发电总装机容量达到 600 万 kW；森林覆盖率和森林蓄积量保持 2025 年水平不下降；到 2060 年，上海市率先成为零碳城市，城市低碳治理体系全面建成，非化石能源消费比重达到 80% 以上，二氧化碳等温室气体的排放得到有效管控。

本书的多情景土地利用模拟主要针对 2030 年，建设用地的碳排放是上海的主导碳排放。因此，在进行未来碳排放预测时，主要以建设用地的相关数据为研究基础。前文已经论述过建设用地碳排放的核算方法，可以采用单位 GDP 二氧化碳排放法来估算。同时，将上海制订的"2030 年单位 GDP 二氧化碳排放较 2005 年下降 75% 以上，非化石能源消费比重力争达到 30%"作为碳排放测算的重要考虑因素。

因此，建设用地的碳排放计算公式如下：

$$碳排放 = 建设用地面积 \times 单位建设用地 GDP \times 单位 GDP 碳排放 \qquad （13-3）$$

13.2.2 碳汇用地排放测算方法

一定时间段内，碳汇类土地利用类型的单位面积碳吸收量变化不大，因此，在进行碳汇用地测算时，耕地、林地、草地、水域的碳吸收核算可以直接根据估算公式（13-2），及碳排放系数参考表 13-2 进行估算。

13.3 碳达峰情景上海市空间碳排放测算结果

13.3.1 2030年不同情景碳排放测算结果

本书基于上海市 2000—2020 年的单位建设用地 GDP 数据（表 13-3），用趋势预测的方法模拟上海市 2030 年单位建设用地 GDP 的情况（图 13-1）。

上海市 2000—2020 年单位建设用地 GDP   表 13-3

年份	建设用地面积（km²）	单位 GDP（亿元）	单位建设用地 GDP（亿元 /km²）
2000	1450.16	4812.15	3.318357974
2005	1848.91	9197.13	4.974352456
2010	2349.75	17915.41	7.624389829
2015	2562.17	26887.02	10.49384701
2020	2875.82	38700.58	13.45723307

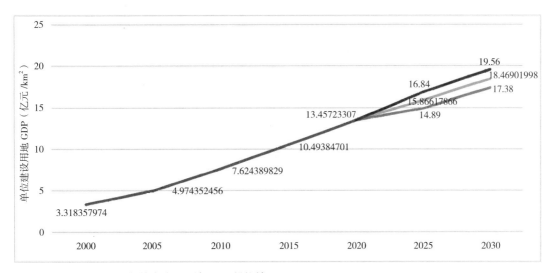

图 13-1　上海市 2030 年单位建设用地 GDP 模拟情况

根据历年的单位建设用地 GDP 数据，预测得到上海市 2030 年的单位建设用地 GDP 为 18.47 亿元 /km²，其置信下限与置信上限的值分别为 17.38 亿元 /km² 和 19.56 亿元 /km²。本书选取 18.47 作为计算数据。基于已有的二氧化碳排放数据，2005 年上海市的单位 GDP 二氧化碳排放量为 1.6312 万 t/ 亿元。参考《实施意见》，上海市 2030 年的单位 GDP 二氧化碳排放量应较 2005 年下降 75%，即为 0.4078 万 t/ 亿元。根据相关数据计算，得到不同情景下，上海市建设用地的二氧化碳排放量。

上海 2030 年不同情景建设用地碳排放（单位：万 t） 表 13-4

名称	2020 年	2030 年		
		基准情景	调节情景	平衡情景
建设用地面积（km²）	2875.82	3125.54	2986.58	2850.90
碳排放量（万 t）	17368.82	23541.77	22495.12	21473.17

根据测算（表 13-4），上海 2020 年根据建设用地核算的二氧化碳排放量为 17368.82 万 t，至 2030 年国家设定的"碳达峰"时间，基准情景下建设用地核算的碳排放量为 23541.77 万 t、调节情景下建设用地核算的碳排放量为 22495.12 万 t、平衡情景下建设用地核算的碳排放量为 21473.17 万 t。

13.3.2 2030 年不同情景碳吸收测算结果

耕地、林地、草地、水域的碳排放核算采取表 13-2 中各土地利用类型的碳排放系数进行相关计算。根据预测数据得到上海 2030 年不同情景下的碳汇土地碳吸收量。

由表 13-5 可知，平衡情景下的碳吸收量最高，碳吸收总量为 24.60 万 t，调节情景下的碳吸收总量为 24.19 万 t，基准情景下的碳吸收总量为 23.89 万 t。

上海 2030 年多情景土地碳汇测算（单位：万 t） 表 13-5

土地利用类型	2020 年	2030 年		
		基准情景	调节情景	平衡情景
耕地	5.58	4.59	4.81	5.26
林地	0.91	0.953	0.985	0.990
草地	0.04	0.052	0.054	0.056
水域	22.24	18.29	18.29	18.29
总计	28.77	23.89	24.19	24.60

13.3.3 2030 年不同情景净碳排放量测算结果

根据上述不同情景下上海市 2030 年的碳排放测算与碳吸收测算，得到上海市净碳排放量的汇总表（表 13-6）。

上海 2030 年净碳排放量汇总表（单位：万 t）　　表 13-6

土地利用类型	2020 年	2030 年		
		基准情景	调节情景	平衡情景
耕地	−5.58	−4.59	−4.81	−5.26
林地	−0.91	−0.953	−0.985	−0.990
草地	−0.04	−0.052	−0.054	−0.056
水域	−22.24	−18.29	−18.29	−18.29
建设用地	17368.82	23541.77	22495.12	21473.17
净碳排放量	17340.05	23517.88	22470.98	21448.57

由表 13-6 可知，上海净碳排放量依旧受建设用地的碳排放量主导。2030 年，基准情景下的碳排放量最大，达到 23517.88 万 t，比 2020 年增加 35%；其次为调节情景下的 22470.98 万 t 和平衡情景下的 21448.57 万 t。

13.4　空间碳排放与碳排放趋势模拟的对比校核

本书在前文中，曾对上海市在 2030 年碳达峰目标下的碳排放数据总量进行了多情景的模拟预测，结果如表 13-7 所示。其中，最高的为能源结构主导情景下的碳排放总量（27311.9 万 t），最低的为经济增长主导情景下的碳排放总量（21535.9 万 t）。

上海市 2030 年碳排放总量多情景模拟结果（单位：万 t）　　表 13-7

年份	基准情景	经济增长主导情景	人口发展主导情景	能源结构主导情景	产业结构主导情景
2030	23549.2	21535.9	23549	27311.9	25880.2

而根据碳源 / 碳汇用地排放测算，2030 年三种情景下最大的碳排放为 23517.88 万 t，最小为 21448.57 万 t。

通过空间碳排放测算与碳排放趋势模拟的对比来看，两种测算方法的最低值都接近 21500 万 t，一方面说明上海市在 2030 年实现碳达峰时的碳排放总量较低值大致在这个数值附近，另一方面说明通过土地利用进行的碳排放测算具有一定的科学性和准确性。同时，通过对比也发现碳排放的高值会因为不同的发展模式而呈现出不同的结果，从土地空间角度相关的测算来看高值在 23500 万 t 左右，从其他不同因素相关的测算来看最高要超过 27300 万 t，与最低值相差近 30%，这就给地方政府进行各种减碳政策的调控留出了空间。

13.5　对碳中和情景的参考意义

在 2030 年城市实现"碳达峰"以后，接下来的目标是实现净零碳排放，无论城市空间结构如何演变、城市建设用地如何增减，城市都需要通过各种政策进行减排，直至"碳中和"。因此，在这个阶段里，城市土地利用变化对碳排放的影响将变得微乎其微，当然，通过建设用地向耕地、林地、草地、水域等自然用地的转化是可以促进减碳的。

同样，我们也可以参考前文的计算方法，对上海市 2060 年不同情景下与空间用地相关的碳排放、碳吸收和净碳排放进行测算，结果如表 13-8 ～表 13-10 所示。

上海 2060 年不同情景建设用地碳排放测算表　　　　表 13-8

名称	2030 年	2060 年			
		基准情景	调节情景	平衡情景	低碳情景
建设用地面积（km²）	3125.54	3558.42	3157.16	2754.54	2570.31
碳排放量（万 t）	23541.77	26802.25	23779.94	20747.38	19359.74

上海 2060 年多情景土地碳汇测算表（单位：万 t）　　　　表 13-9

土地利用类型	2030 年	2060 年			
		基准情景	调节情景	平衡情景	低碳情景
耕地	4.59	3.46	4.10	4.74	4.94
林地	0.953	0.78	0.88	0.98	1.03
草地	0.052	0.05	0.05	0.06	0.06
水域	18.29	20.75	20.75	20.74	21.21
总计	23.89	25.04	25.78	26.52	27.24

上海 2060 年土地净碳排放汇总表（单位：万 t）　　表 13-10

土地利用类型	2030 年	2060 年			
		基准情景	调节情景	平衡情景	低碳情景
耕地	−4.59	−3.46	−4.10	−4.74	−4.94
林地	−0.953	−0.78	−0.88	−0.98	−1.03
草地	−0.052	−0.05	−0.05	−0.06	−0.06
水域	−18.29	−20.75	−20.75	−20.74	−21.21
建设用地	23541.77	26802.25	23779.94	20747.38	19359.74
净碳排放量	23517.88	26777.21	23754.16	20720.86	19332.5

　　从根据土地利用测算的净碳排放量来看，上海到 2060 年净碳排放量最低的为低碳情景下的 19332.5 万 t，通过建设用地转化为非建设用地的方式已经直接在 2030 年的排放量上减少了 17.7%；最高则为基准情景下的 26777.21 万 t，在 2030 年的基础上增加了 13.8%。但无论最高值还是最低值，最终要实现"碳中和"状态，都需要通过其他方式将所有净碳排放量减少为零。因此，从这个角度来讲，在 2030—2060 年间，城市土地利用的调整不是城市实现碳中和的关键因素了，但是依然对城市的碳减排保有一定的辅助作用。

第 14 章　"双碳"目标下城市面临的挑战

14.1 经济增长与碳减排难以脱钩

根据各城市碳达峰情景的模拟预测，至 2030 年前，上海、天津、重庆、北京的 GDP 增速与碳排放关系如图 14-1 所示。

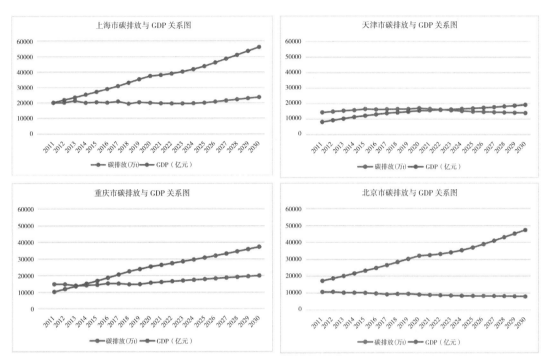

图 14-1　上海、天津、重庆、北京碳排放与 GDP 关系图

其中，可以看到上海市的碳排放趋势与 GDP 趋势在 2020 年之前没有明显的关联，碳排放显示出波动状态，而 GDP 持续增加；但是在 2020 年之后碳排放又呈现出缓慢上升趋势，与 GDP 的增长形成了同向趋势。天津市的碳排放在 2020 年之前呈现增长趋势；但是在 2020 年之后则逐步下降，与 GDP 的增长趋势呈现反向。重庆市的碳排放在 2018 年前存在一些波动；但是 2018 年以后一直呈现出上升趋势，与 GDP 的上升趋势相一致。北京市的碳排放则始终保持稳定的负增长趋势，与 GDP 稳定上升呈现反向。

由此可见，4 个城市的经济增长趋势与碳排放趋势呈现出不同的关系，但其中至少在上海和重庆两个城市呈现出趋势相关性，未能实现碳排放与经济增长的脱钩。未来在这样的城市中，将会面临经济持续增长中如何抑制碳排放增长的现实问题。

14.2 能源结构调整进程不一

由于不同城市类型和资源禀赋的差异，各城市的能源结构存在显著差异。如图 14-2 和图 14-3 所示，根据 2011—2019 年的现状数据，4 个城市的化石能源消耗均呈现出煤炭消耗比重不断降低、天然气消耗比重提高的低碳化趋势。其中，北京的能源结构表现最为理想，2019 年煤炭比重仅为 1.4%，天然气比重为 27%，已基本实现了向清洁能源结构的转型目标；而重庆对煤炭的依赖度最高，煤炭占比高达 56.4%，天然气占比为 17.1%，因此需要积极降低煤炭消费比重，致力于提高非化石能源消费比重；上海和天津在 2019 年的煤炭和天然气消耗比重分别为 21.3% 和 8.9%，以及 38.4% 和 14.3%，也依然处于能源结构调整的过程中。根据模拟结果，2020—2030 年，4 个城市的煤炭消耗比重呈现稳定下降的趋势，天然气比重则稳定上升。

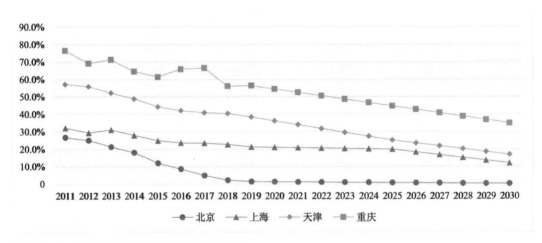

图 14-2　4 个城市煤炭消耗占能源消耗总量比重

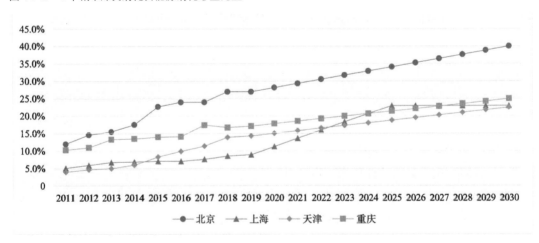

图 14-3　4 个城市天然气消耗占能源消耗总量比重

　　　　　　　　　　　　　　　　　　　　中国城市"双碳"情景与路径

综合来看，4个城市的能源结构虽都在向绿色化、低碳化转型，但进程各不相同，反映了各城市间的资源结构和能源消费结构的本质差异性。北京目前已经基本实现核心区域"无煤化"，在大城市中率先解决了燃煤的高污染问题，在能源结构优化转型方面作出了良好的表率，上海、重庆、天津仍需加快向"脱煤"的绿色能源结构转变的步伐。

14.3 能源使用效率差别显著

单位GDP能耗能够反映城市或地区的能源利用效率，同时，也是城市未来走向碳中和的重要指标之一，当土地利用无法再贡献更多的碳减排时，就需要依靠降低单位GDP能耗来进行减排。从单位GDP能耗来看（图14-4），北京的能源利用效率最高，上海和重庆次之，天津的能源利用效率最低，与其他3个城市相差较大，但4个城市的单位GDP能耗都呈现出持续降低的趋势。其中，至2030年，北京的单位GDP能耗为0.11万 t/亿元，重庆单位GDP能耗为0.18万 t/亿元，上海和天津分别为0.22万 t/亿元和0.40万 t/亿元。

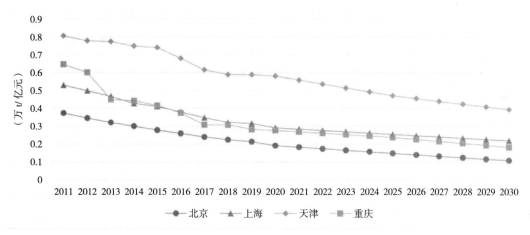

图14-4 4个城市单位GDP能耗

14.4 产业结构存在差异

从产业结构现状和模拟结果来看（图14-5、图14-6），4个城市的产业结构存在较大差异。

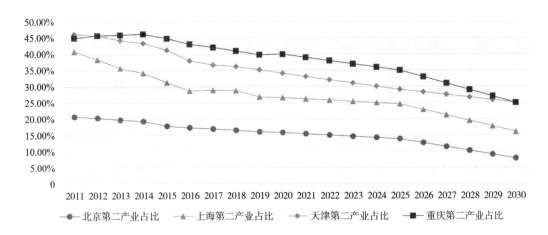

图 14-5　2011—2030 年 4 个城市第二产业占比

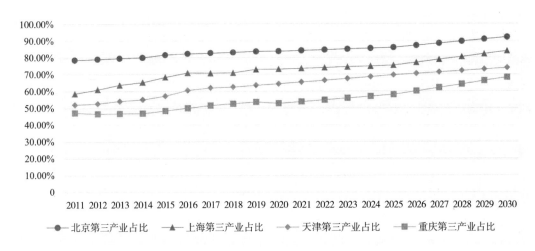

图 14-6　2011—2030 年 4 个城市第三产业占比

北京截至 2020 年的三次产业比例为 0.4∶15.8∶83.8，第三产业占绝对多数，已实现了产业结构的低碳化；上海次之，产业结构为 0.3∶26.6∶73.1，同样表现为第三产业主导，第二产业占比较低的态势，产业结构也趋向优化。

而天津和重庆的第二产业依然在产业结构中占较大比例（超过 30%）。2020 年，天津的三次产业比例为 1.50∶34.1∶64.4，其中化学原料加工制造、金属冶炼等高能耗、高碳排放的产业占比较高，仍存在较大的产业绿色低碳化发展空间；重庆的三次产业比例为 7.2∶40∶52.8，是 4 个城市中对第二产业依赖度最高的城市。相较于北京、上海，天津和重庆调整产业结构的任务比较重，减排压力较大。

从第二产业单位 GDP 能耗来看（图 14-7），北京是 4 个城市中第二产业单位能耗最低的城市；重庆从 2013 年开始第二产业单位能耗仅高于北京，根据预测结果，到 2027 年碳达

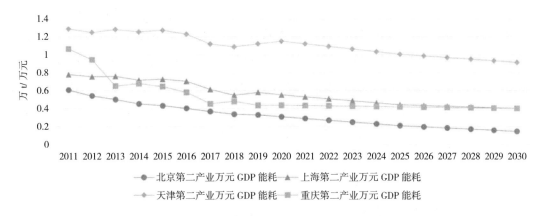

图 14-7　2011—2030 年 4 个城市第二产业万元 GDP 能耗

峰时，重庆的第二产业单位能耗约为 0.22 万 t/ 万元；上海的第二产业单位能耗自 2013 年起总体呈下降趋势，到 2025 年碳达峰时，上海的第二产业单位能耗为 0.25 万 t/ 万元；天津的第二产业单位能耗远高于其他 3 个城市，产业上向绿色、低能耗、低碳排的转型还需要努力。因此，在制定城市发展规划时需要避免一刀切政策，根据不同城市产业结构的现状特征，逐步降低传统高碳排放的第二产业占比，推动低碳新兴产业的发展。

14.5　建设用地需求旺盛

根据本书统计的数据，4 个案例城市在 2000—2019 年的二十年时间内，建设用地的规模均有较大增加。其中，上海市建设用地由 1037.12km² 增加到 1936.81km²，增加了 86.75%；天津市建设用地由 2521.85km² 增加到 3953.61km²，增加了 56.76%；重庆市建设用地由 526.15km² 增加到 1612.50km²，增加了 206.47%；北京市建设用地由 2292.03km² 增加到 3570.03km²，增加了 55.72 %。其中，增加最多的为重庆市，增加了超过原有建设用地规模的 2 倍，增加最少的则是北京市，但也增加了超过原有建设用地规模的一半。这说明，在近几十年的发展中，各个城市对建设用地的需求都比较旺盛，而建设用地的增长直接带来了碳排放的增长。

同时，各个城市也在通过各种手段，控制建设用地的增长。例如上海市在《上海市城市总体规划（2017—2035 年）》中提出规划建设用地总规模负增长要求，上海市要锁定建设用地总量，控制在 3200km² 以内，把生态环境要求作为城市发展的底线和红线，锚固城市生态基底，生态用地只增不减；北京在《北京市城市总体规划（2017—2035 年）》中提出，到 2035 年，北京市的建设用地要净减 161km²；重庆则在 2024 年 2 月由国务院原则同意自然资源部审查通过的《重庆市国土空间总体规划（2021—2035 年）》中提到，到 2035 年，重庆市耕地保有量不低于 2664.00 万亩 [①]，城镇开发边界扩展倍数控制在基于 2020 年城镇建设用地规模的 1.3 倍以内；天津市则在《天津市国土空间总体规划（2021—2035 年）》中提出，现状国土开发强度已达 35% 左右，未来的建设空间仅占市域面积 1/3，农业和生态空间占 2/3，要严格控制建设用地总量，提升城镇建设用地土地绩效，集约节约利用宝贵的土地资源。

14.6　生态空间保护与开发矛盾突出

根据本书的统计，上海市在 2000—2019 年的 20 年间，耕地由 4023.11km² 减少到 3311.95km²，减少了 17.6%；天津市的耕地由 7373.26km² 减少到 6294.79km²，减少了 14.6%；重庆市的耕地由 38673.48km² 减少到 35162.72km²，减少了 9.1%；北京市的耕地由 5582.64km² 减少到 4215.89km²，减少了 24.48%。可以发现，4 个城市的耕地都有不同程度的减少，减少最大的为北京市，减少了接近原有规模的 1/4。

同时，这些城市本身的生态资源禀赋也差异较大。"十三五"期间，北京的绿色生态空间不断扩展，大力开展了新一轮百万亩绿化造林工程，至 2020 年森林覆盖率达到 44.4%，严格确定生态保护红线约占市域面积的 26.1%；上海造林约 30 万亩，新建绿地超过 60km²，城市公园数量达到 406 座，突出了对于生态空间的结构性优化，2020 年森林覆盖率约 18.49%；天津 2020 年森林覆盖率为 13%，低于全国平均水平，生态保护红线面积占全市总面积的 9.91%，生态建设任务艰巨；重庆自然资源禀赋最好，2020 年森林覆盖率高达 52.5%，生态治理成效显著，湿地等生态系统质量得到了有效提升。

但是在城市发展过程中，城市生态空间的保护与开发始终是各个城市面对的较大问题。就如本书模拟的土地利用趋势，如果继续延续过去的增长方式，那么各个城市的自然生态用地将在未来不断减少，转化为建设用地，同时推高碳排放，这就不利于实现"碳达峰"和"碳中和"目标。因此，各大城市在生态空间的布局上需要更系统、综合、均衡的优化方案，对于林地、湿地等保护压力较大的用地类型要制订更加严格的保护措施。

---

① 1 亩约为 666.7m²

第 15 章 建立城市"双碳"实施与监测机制

15.1　实施与监测机制框架

我国目前提出在 2030 年前后实现"碳达峰"目标的各城市在达峰峰值认定、达峰路径等方面还没有统一的标准，"双碳"工作的推进缺乏统一管理。因此，可以提取国内外已实现"碳达峰"的城市的经验，结合我国城市的特定情况，制定适合中国城市的"碳达峰"和"碳中和"评估标准，并相应设立城市达峰前后的监测和跟踪机制，继而探索城市"碳中和"的评估和认定标准。

由于城市低碳发展涉及空间、能源、交通、水务、垃圾处理等各个领域，因此首先需要建立各系统的碳监测体系，并明确规范化、统一化的碳排放核算清单。其次，将碳排放总量、碳排放强度等指标约束纳入城市低碳发展战略中作为核心目标，构建以"设定目标——仿真模拟——策略行动——监测评估"为基本框架的"双碳"实施与监测体系（图 15-1），将"碳达峰""碳中和"分解为阶段性目标，通过量化分析与情景模拟等方法，筛选出最优低碳发展规划方案。同时，分别在循环经济、绿色产业、清洁能源、绿色生态、低碳交通、绿色建筑、低碳用地布局等专项领域设定目标和减排策略，同步开展碳排放动态监测，以年度报告的形式对减排放动态情况进行监测。随后，通过年度动态监测数据来判断城市是否达到了"碳达峰"，最后通过制定下阶段城市低碳发展目标从而稳步实现"碳中和"。

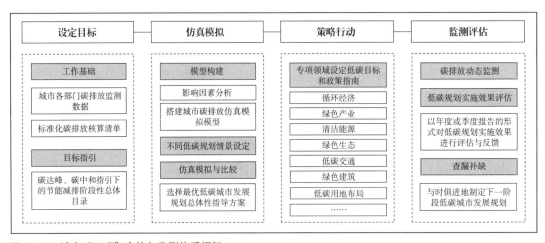

图 15-1　城市"双碳"实施与监测体系框架

15.2　工作基础——明确碳排放核算清单

"双碳"目标的实现离不开对碳排放的核算方法，碳排放核算是否准确成为其中关键的一环。尽管目前如 IPCC 等国际性组织已提出不同尺度下的温室气体排放清单及计算方法,但不同的方法计算的口径出入较大,并且大多是在国家等宏观层面,城市层面的精细化碳排放核算标准尚未建立,城市碳排放缺少全国统一的标准。

要明确城市碳排放核算问题,首先要厘清碳排放核算涉及的基本要素,包括核算主体、核算边界、核算时间等。城市层面的碳排放核算与国家核算类似,同属于宏观视角的核算,但城市碳排放核算应是对多机构部门的总碳排放的核算。明确城市碳排放的核算边界有助于核算工作的落实,能够有效避免核算过程中发生重复或者遗漏现象。城市碳排放的核算边界可以参考国家层面的界定,即以"经济领土"来框定城市碳排放的地理边界,根据各种经济活动的归属来明晰城市碳排放的归属。碳排放核算清单的编制应是低碳城市规划的核心之一,IPCC 的碳排放清单框架主要适用于国家这一宏观层面,其中包含能源使用、工业过程、农业 /林业、土地利用以及废弃物处置 5 个板块,可以对国家碳排放的总体情况进行核算。通用的碳排放计算方式为:排放量 = 能源活动水平 × 对应排放因子,其中有三类可供选择的排放因子,包括 IPCC 缺省排放因子、国别排放因子和模型工具排放因子,若碳排放来源不同,则计算的方式也应做出相应调整。

在明确碳排放核算清单的基础上,可以在城市层面针对各城市的特点提出个性化的碳排放核算指标。在参考 IPCC 碳排放核算清单的基础上可适当对其进行分解与转换,将碳排放清单部门细分至城市终端活动,同时注重体现城市特有的能源消费性质,如将城市供热、外调电计算在内。最终确定的城市碳排放清单框架中应包含但不限于生产生活、交通、建筑、城市碳汇等部分系统。

建立起城市碳排放清单之后,还应根据实际情况将各部门能源消耗进一步分解为具体的终端能耗活动。例如将生产生活能耗分为三次产业能耗、居民生活能耗,其中三次产业能耗又可以进一步细分;交通部门能耗则能够细分为城市客运、货运、城际运输等,其中城市客运还包含公共汽车、出租车、私家车、电动车等;建筑部门能耗则可以分为公共建筑、住宅建筑等,其中又包括采暖、制冷、家电、照明等设备的能耗。由此可以通过各部门碳排放数据观察各类微观活动在城市碳排放总量中所占的比例以及对碳排放的影响程度大小。

15.3 设定目标——分阶段、分类型制定目标

我国幅员辽阔,气候分区复杂,不同气候区的气温、日照强度、降雨量等差异显著,地理条件不尽相同,同时各个省市间经济、产业发展情况不同,在各种因素的综合影响之下,

各省市间的碳排放总量和特征呈现出较大差异。因此实现"碳达峰""碳中和"这一目标需要在全国层面进行统筹，并且分阶段、分类型制定目标及行动指南。

2021年10月国务院在《2030年前碳达峰行动方案的通知》中对"各地区梯次有序碳达峰行动"作出了总体部署，指出三种类型的区域要率先达峰：一是碳排放水平已经趋于稳定的地区要巩固减碳排成果，在率先达成碳达峰的基础上，逐步降低碳排放；二是产业结构和能源结构优、发展快的地区，要坚持贯彻落实绿色低碳发展，杜绝走依靠高能耗、高碳排的项目拉动经济增长的老路，争取提早实现碳达峰；三是京津冀、长三角、粤港澳大湾区等一体化区域要充分发挥高质量发展动力源和增长极的作用，在经济社会发展和全面绿色转型方面起带头作用。这样的表述明确提出了对于不同区域和城市进行分阶段、分类型达峰的战略部署。

目前全国范围内有望率先实现碳达峰的地区可以大致分为两类：一类是东部经济相对发达的省市，经济转型在全国处于领先地位，有条件在"十四五"期间率先实现碳达峰；另一类是西南部分可再生能源条件好的地区，有丰富的太阳能发电、风电、水电资源，能够通过新型能源结构调整，大力发展新能源来满足能源需求及缺口。在"十四五"规划建议中，浙江、江苏、山西、云南、河北、山东、广东等地已经提出了对于实现碳达峰的路径设想。在国家和省域层面较宏观的碳达峰路径指引下，各城市应该根据其实际情况设定短期、中期、长期等多节点碳达峰目标，将碳达峰具体指标任务分解至产业、能源、交通等各个部门。

同时，不同类型的城市还要应根据其自身特质制定切实可行的碳达峰目标。如北京、上海、广州、天津等城市人口规模大、经济发展水平明显高于全国水平的城市，该类城市的能源供应很多是依靠外地调入，产业结构已逐渐转型，有望率先实现碳达峰；如长沙、合肥、南京等城市人口规模较大，产业结构以制造业为主，在经济高速增长的同时，碳排放总体还将保持增长趋势，因此适合将碳达峰总体目标时间设置于2025年左右；处于传统工业转型时期的城市，包括东三省及河北省将钢铁、化工等作为主要产业的城市，如沈阳、哈尔滨等，该类城市产业结构比较重，传统工业占比较高，因此人均碳排放较高，预计碳排放在十年内仍会保持上升的趋势，建议该类城市将碳达峰目标时间设定在2025—2030年。

在设置了总体碳达峰目标的基础上，各城市还可以根据实际情况制定更为详细的时间节点小目标，将这一艰巨的任务细分至各个部门、各个年度，从而更有效地推进并落实计划，早日实现碳达峰。

同样，在实现碳中和的过程中，由于要经历将近30年的时间，也需要进行分阶段、分类别的设定目标。

15.4　仿真模拟——"双碳"情景模拟

为了更科学地对各城市的碳排放趋势进行模拟，从而预测"碳达峰""碳中和"的准确时间，需要建立起一个适用于我国城市的碳排放情景模型，该模型中需涵盖城市活动中产生碳排放的各种要素，包括土地、能源、产业结构、交通等各个方面，需要具体分析城市中哪些因素会对碳排放产生影响，研究各因素间的相互关联作用，在碳排放之间构建合理的数量关系。可借助系统动力学等方法，构建城市碳排放模拟模型，设置不同情景下的参数，控制城市不同系统指标的变化以生成不同的预设规划情景，对不同规划情景下的减碳排效果进行定量预测和分析，以便修正现有的规划目标。同时也能够观察各因素对于碳排放的影响程度大小，从而对相关部门提出有针对性的减排建议。其中，情景模拟可以根据现有的规划目标来设置，以控制变量的方法设置不同低碳政策下的情景，以探寻不同指标对于城市碳排放的影响，在此基础上设置综合低碳政策情景，进一步分析组合型低碳政策对于碳排放总量的影响。根据实际情况的变化，可以动态调整情景设置并利用模型对城市碳排放进行模拟，预测碳达峰、碳中和时间，以便为城市制定低碳发展策略提供参考。

15.5　策略行动——专项领域低碳政策

根据城市碳排放的实际情况及未来趋势模拟，在"碳达峰"和"碳中和"目标的指引下，各城市可以制定相应的行动指南，涵盖城市中各个部门或生产活动的具体行动策略，包括但不限于低碳城市规划、综合交通运输、低碳建筑、能源开发与利用、生态环境规划等。

对于国土空间规划来说，应尽快将双碳总体目标合理地融入现有的规划体系中去，从土地和空间视角出发对城市的绿色低碳发展起到指导作用。在建设用地层面，应该对城市建设用地的规模、结构及布局进行综合调控，从而引导城市碳源和碳汇用地的有机融合，促进城市空间的绿色低碳转型。应以碳减排为目标对建设用地的总量进行管控，避免城市无序蔓延；同时对城市密度和用地多样性等空间要素进行把控，通过紧凑且功能复合的土地利用布局实现职住平衡，缩短通勤距离以减少非必要的机动车出行；逐步探索对于存量建设用地的绿色低碳升级转型。

根据欧美已达峰国家的经验，交通碳排放的达峰时间往往比工业、建筑等领域晚一些。因此交通运输体系的低碳化至关重要，首先，需要通过优化交通出行方式和交通结构的方式有效控制道路运输量，同时通过提高交通技术减少单位道路运输碳排放。①可以提高交通和用地的一体化水平，从源头上对交通运输的需求进行高效管理；②对交通运输方式的结构进行改进，提高低碳交通方式的占比，充分发挥公共交通、慢行交通在低碳方面的优势；③要建立低碳运输体系，在客运交通廊道周边布局城镇和城市功能，大力提高中短途城际交通及通勤集约化出行的比例，打通低碳货运廊道，在此基础上组织绿色低碳化货流。其次，需加大对交通运输技术的研究，全面提高交通运输管理水平，在全过程中降低交通出行的碳排放水平，大力倡导并推广新能源、清洁交通工具的应用，使交通工具的能效水平得以提升。同时也应对智慧交通技术及管理办法进行逐步试点，提升运营管理的层次，从而在一定程度上缓解交通拥堵，降低交通工具在拥堵情况下的高碳排，提高货运车辆的运输效率。

在能源消耗与利用领域，应加快能源转型的进程。首先，对于城市层面来说，需要对城市现有的能源网络进行充分评估，预留足够的外来能源接入通道以保证未来能源基础设施的建设空间，同时应对城市内部清洁能源的生产空间进行充分挖掘，尽可能提高可再生能源的在地化生产率。其次，对城市能源基础设施的布局网络进行改造与升级，着力于建设并完善新型能源体系，并促进其与城市不同的发展阶段相协同。最后，注重节约并循环利用资源，建立全生命周期评估下的资源节约及循环利用模式，提高城市废弃物循环再利用率，减少生产过程中产生的碳排放。

在生态环境领域，耕地、林地、草地、水域（湿地）都是极为重要的碳汇空间，要注意到生态系统自身所存在的复杂性，不同的措施也可能将生态系统从碳汇转变成碳源。因此城市应该统筹自然资源的保护与综合治理、城市基础设施建设、农业空间规划及城市蓝绿空间规划等多个方面，推动增汇和减排目标的实现。对于自然资源的保护和综合治理来说，需将提高碳汇能力作为目标导向，在充分认识各类自然资源及生态系统碳库构成、碳汇效率和产生影响的基础上，有针对性地提出相应的生态保护及修复策略。此外，要更加全面系统地看待城市与农业的关系，对于农业活动的各个环节，包括生产、加工、配送、零售、消费等，构建起与城市紧密相连的绿色健康食物供给与消费体系。进一步探索城市与远郊农业生产空间布局的关系，以及城市内部农业生产活动空间（如农业创新发展园区、都市农业体验园区等）的布局，促进城市粮食安全与保障能力的提升。

15.6 监测评估——建立监测与评估体系

在建立明确的碳排放核算体系后，应定期对各层面的碳排放数据进行核算，并及时、全面地向公众公开，形成完整的碳排放监测与评估体系。碳排放监测体系需分层次落实，包括国家、区域、城市和行业层面。

在国家层面，碳排放监测体系需将核算得出的碳排放数据与宏观碳排放目标进行综合比对，从而评估和反馈低碳规划的实施效果。在区域层面，碳排放监测数据可按照省级行政区划或区域一体化城市群（如长三角、京津冀、粤港澳、珠三角、成渝等）进行公布和比较，形成区域内的碳排放数据库。城市层面的碳排放监测要求更高，超大城市及大城市应起示范作用，率先公布碳排放监测数据，并逐步扩展至其他中小城市，以点带面覆盖至全国。行业领域层面应从节能减排重点行业（如能源、建筑、交通等）入手，详细核算各环节全生命周期内的碳排放，以指导不同领域下一步的减碳政策制定。

此外，碳排放监测与评估体系应做到信息公开，需按年度公布核算所得的碳排放总量数据、碳排放强度和区域碳转移量等指标，帮助国家有效衡量城市和行业的减碳责任，对全国碳减排工作的成效进行动态评估。

在碳排放监测与评估体系的基础上，建议根据实际情况及规划目标设置预警指标，从能源结构、能源消耗规模、能源消耗强度、能源利用效率等方面选择指标，构建其与碳排放之间的关系，设置预警阈值，定期将碳排放监测数据与预警值进行比较。如果超过预警上限，则需对相关指标所反映的问题进行诊断和改进，并制定针对性的低碳计划；若指标未超出预警范围，则说明现行低碳策略是有效的，需继续保持监测。

为加强对碳排放监测与评估体系的监督指导，应创新发展可持续低碳城市治理体系。充分发挥政府、企业及公众等各类主体的作用，建立稳定的合作关系，共同推进低碳城市的可持续发展。政府应起主导作用，企业、公益组织和公众共同参与碳排放的监督管理，整合各主体在低碳城市建设中的作用。政府应建立基础性的治理结构，加强各主体在碳排放监督工作中的沟通交流。通过发挥社会公众和公益组织的监督作用，借助科研机构和行业协会等中坚力量，共同创新低碳城市发展治理机制，促进低碳城市的可持续发展。

第 16 章 城市各系统低碳发展策略

16.1 城市空间低碳策略——"碳源"与"碳汇"用地有机结合

16.1.1 控制建设用地扩张

在各类土地利用类型中，建设用地的碳排放强度最高，因为它承载了城市工业、建筑业等主要能源生产活动的碳排放以及居民生活的碳排放。特别是在北美，长期的城市蔓延导致郊区低密度化，城市化区域中有一半以上的土地呈低密度开发，而公共交通系统的不足使得城市主要依赖小汽车。这种空间结构下，仅依赖某项节能技术难以有效减少城市的碳排放问题。在研究城市空间与碳排放关系时，通常认为影响城市碳排放的空间机制包括密度、土地利用和空间形态等因素。高密度的城市布局能够减少单位面积的能耗；有效的土地利用可降低居民的日常出行距离，从而减少交通碳排放；紧凑的空间形态不仅与人们的出行相关，还能减少基础设施的投入，降低碳排放。因此，实现城市低碳发展的目标首要任务是控制建设用地的扩张，提高其开发的紧凑度。

以上海为例，《上海市城市总体规划（2017—2035年）》中提出了建设用地的空间管控政策，要求做到"总量锁定、增量递减、存量优化、流量增效、质量提高"。首先，锁定城市建设用地的总规模（3200km^2），严格控制城市开发边界外的建设用地，同时促进农村居民点由分散向就近的卫星城镇集中转变，实现农村建设用地的负增长。其次，优化已有建设用地的空间布局，通过集约和节约用地及功能适度混合来提高土地利用效率，降低单位土地面积的碳排放。再次，合理协调生活用地与产业用地、生态用地的空间布局，通过综合设置各种功能设施实现职住平衡和产城融合，减少居民因通勤需求而产生过多的交通碳排放。从次，调整城镇空间结构，鼓励远离城市中心的新城新区建设，形成以公共交通为导向的开发（TOD）为导向的功能集约、用地紧凑的新城镇。最后，对已开发的建设用地进行存量用地的更新，对闲置土地和低效利用的建设用地进行二次开发，优化建设用地承载的生产活动，以减少碳排放量。

通过这些措施，上海致力于优化其城市空间布局，提高土地利用效率，减少碳排放。锁定城市建设用地的总规模并严格控制开发边界外的建设用地，是为了防止城市无序扩张，保护生态环境，同时提高土地利用效率。通过集约和节约用地及功能适度混合，不仅可以提高土地利用效率，还能降低单位土地面积的碳排放。合理协调生活用地与产业用地、生态用地的空间布局，综合设置各种功能设施，实现职住平衡和产城融合，可以减少居民的通勤需求，从而减少交通碳排放。调整城镇空间结构，鼓励远离城市中心的新城新区建设，以公共交通为导向的开发模式，可以提高土地利用的紧凑度和功能集约性，进一步减少碳排放。对已开发建设用地进行存量用地的更新，对闲置土地和低效利用的建设用地进行二次开发，可以优化建设用地承载的生产活动，减少碳排放量。

16.1.2　提高土地固碳能力

根据前文的研究，当土地利用方式发生转变时（主要是由非建设用地向建设用地转变），因为伴随着一系列的建设行为，会带来较大的碳排放量。因此，首先应当减少土地利用类型的互相变化频率，保持土地利用类型的稳定，减少因土地使用方式变换而产生的碳排放量。其次，对于一些特定用途的土地，还应通过优化和改善的方式去增加其固碳能力。

对于农田，应当通过滴灌、秸秆还田、施用生态环保肥料等保护性耕作方式，延长土壤的有机质循环周期，从而增加其固碳能力。这些保护性耕作方式不仅可以提高土壤的有机质含量，还能改善土壤结构，增强土壤的保水保肥能力，从而提高农田的碳吸收和储存能力。对于林地，则可以通过优化树种选择、优化施肥方案、选择适宜的植被形式等方式增加其固碳能力。选择适宜的树种和植被形式，不仅可以提高林地的碳吸收和储存能力，还能改善森林生态系统的健康和稳定性，从而提高其长期的固碳效益。

此外，生态用地固碳能力的提高，将间接减少城市碳排放的总量，同时也有助于形成优美的城市环境。通过增加生态用地的固碳能力，可以减少城市整体的碳排放，提高城市的生态环境质量，增强城市居民的生活质量和幸福感。同时，提高生态用地的固碳能力，还可以促进城市生态系统的健康和稳定，增强城市的生态服务功能，从而实现城市的可持续发展目标。

16.1.3　优化城市空间结构

由于耕地、林地、草地、水域等非建设用地对二氧化碳具有较强的吸附能力，因此，在控制建设用地增长的同时，还需要优化建设用地和非建设用地的布局结构，使其有机融合。特别是对于特大城市，由于其用地规模巨大，具有形成融合布局的潜力，可以增加耕地、林地、草地和水域在不同区域中的比例。适当地将单位碳吸收量较低的用地与单位碳吸收量较高的土地利用结合布局，关键是使城市"碳汇"类用地与"碳源"类用地有机结合布置，改变过去"摊大饼"式的建设用地发展方式。

以上海为例，《上海市城市总体规划（2017—2035年）》中提出了城市生态用地的红线控制策略，在保持现有生态用地规模不减少的基础上，对城市各个区域设定不同的生态用地扩张路径。例如，在主城区外围建设生态缓冲带，在郊区建设大型生态走廊。通过完善由国家公园、郊野公园、城市公园、地区公园和社区公园组成的城乡公园体系，积极构建层次化、规模化、结构化的城市绿地生态系统，这种布局将有助于特大城市在空间上实现直接的减碳目标。

具体而言，主城区外围的生态缓冲带可以起到隔离和过滤污染的作用，同时为城市居民提供休闲和娱乐的场所。郊区的大型生态走廊不仅能够增强区域的生态连通性，还能提供广阔的绿色空间，有效吸收二氧化碳，提升生态系统的整体碳汇能力。通过构建城乡公园体系，可以在城市内部形成多个生态节点和绿地斑块，增强城市的整体绿地覆盖率，提高城市的碳吸收能力。此外，优化建设用地与非建设用地的布局结构，使其有机融合，还可以提高城市的生态环境质量，改善居民的生活环境。通过科学规划和合理布局，可以实现城市生态系统的可持续发展，增强城市的环境承载力，促进城市的健康发展。

16.2　城市能源低碳策略——建立区域能源系统

结合城市在空间上形成"碳源"和"碳汇"有机结合的布局模式，城市的能源系统也可以改变传统的集中供能模式，构建"区域能源系统"以寻求减排。"区域能源系统"就是为了应对多样化土地利用类型和片区功能下产生的区域能源需求（种类、数量、时间、模式等）分异，以城市不同片区为基础，通过模块化、梯级化进行能源供给的模式，以实现能源供需效益的最大化。

区域能源系统主要包含以下几个可行的技术模块：

16.2.1　分布式能源站

分布式热、电、冷联产技术在能源转换效率方面具有突出优势，使其在区域能源领域占据显著地位。欧盟委员会将热、电、冷联产技术放在"大气改变对策的能源框架"重要的位置，并认为该技术对实现减排目标具有巨大贡献。20世纪末，随着天然气等优质燃料的广泛使用，以及高效的热、电、冷三联产技术的发展，在全球各个国家中逐步建立了一大批以城市不同片区为中心的分布式热、电、冷联产能源站。由于城市片区的范围比整体城市区域要小得多，供热半径和供冷半径都可以大大缩短，可以比较便宜地建立供热和供冷网络。同时，由于其紧密结合所在片区的用能需求特征，使得供能效率大为提高，随着目前燃气轮机与柴油机的运行可靠性得到保障，当天然气的价格足够低廉时，修建不同城市片区的分布式能源站，从经济及燃料的有效利用方面来说，反而更为有优势。

基于这些优势，我国也早已制定了分布式热电冷联产鼓励政策，主要包括：对分布式能源的投资进行优惠；对分布式能源运行进行补贴；对分布式能源国产设备的研发和推广进行引导和鼓励。同时，在一些大城市的机场、医院、火车站以及产业园区，都开始使用这类分布式能源站技术。

16.2.2　燃料电池

燃料电池是一种直接将储存在燃料和氧化剂中的化学能高效地转化为电能的发电装置。这种装置的最大特点是由于反应过程不涉及燃烧，因此其能量转换效率高达 60%~80%，实际使用效率是普通内燃机的 2~3 倍。目前，燃料电池主要应用于新能源汽车中，作为一种低碳而有效的移动能源形式。但实际上，在未来的区域能源供应上，燃料电池也将具有许多优势，例如其储电功能可以有效调节峰谷用电，在夜晚用电低谷时储存能源，供应白天高峰时使用。此外，对于风能、太阳能、地热等不具备全天候稳定性的清洁能源形式，燃料电池也能通过储、放电功能进行区域小范围电网的调节。燃料电池可以应用到建筑供能系统中，并容易形成商业化，是一种很有效的分布式能源形式。

16.2.3　可再生能源

可再生能源包括了太阳能发电技术、风力发电、生物质能、低品位能源利用等形式，这些能源形式本身就不需要集中获取或者集中供应，是一种天然的区域能源形式。

太阳能发电技术是将太阳辐射能转换为电能的过程，主要有以下两种转换途径：一是将太阳能转换为热能，利用热能发电；二是将太阳辐射直接通过光电转换器件生产电能。

风力发电的原理在于风驱动风轮做功，风轮带动发电机转动发出电能。它是将风能转化为电能的过程。典型风力发电系统通常由风能资源、风力发电机组、控制装置、储能装置、备用电源及电能用户组成。现代大型风力涡轮机常被用于发电及个人使用，或贡献给公用电力网。近年来，风力越来越多地成为一种可再生替代能源，也是世界上发展最快的能源。

生物质能源指的是以生物质为载体的能量，即把太阳能以化学能形式固定在生物质中的一种能量形式，包括燃料乙醇、生物柴油、生物质发电以及沼气等。生物质能源具有可再生、分布广、成本低的特点，受到人们的广泛关注。生物质能源可以转化成常规的固态、液态和气态燃料，是解决未来能源危机最有潜力的途径之一。

低品位能源利用是指对地下和地表可再生能源（主要指储能）的综合利用，即将低品位冷量和热量用于建筑的空调系统中。地源（或水源）热泵是利用低品位能源的主要方式，它是以消耗一部分高质能（机械能、电能）或高温位能，按照逆向热力循环，把热能由低温位物体转移到高温位物体的能量利用装置。地源（或水源）热泵可以利用自然环境资源（如空气、水、地热能、太阳能等）等低品位热源，消耗较少的高品质能量，获得供热量，从而节约大量能源。

16.3 城市交通低碳策略——分布式交通系统

城市在空间上形成"碳源"和"碳汇"有机结合的布局模式，为构建一种新的交通系统模式——分布式交通系统提供了基础。分布式交通系统需要城市的各个分区实现一定程度的职居平衡，即通过产业用地与居住用地的混合，减少长距离的通勤出行，从而缓解交通拥堵，减少能源消耗。同时，结合新能源交通工具和现代共享交通方式的革新，可以实现大量的减碳。

分布式交通系统主要包含了以下几个方面的内容：

16.3.1 大运量公交系统

现代城市的交通系统中，公交优先的理念已经得到了广泛接受。同时，公交也远比私家车节省能源，可以有效地降低碳排放。尽管欧美等国家汽车普及，但大都市区如纽约、华盛顿、东京等的公共交通出行比例均很高。因此，目前被广泛接受的观点是，我们可以鼓励私人汽车的拥有，但应通过停车、限行、拥挤收费等手段限制私人汽车的使用，将这部分用车需求转移到便捷的轨道交通和地面公交上来。在城市中，将形成以轨道交通为骨架、地面公交为分支的大运量公交体系，主要承担城市不同片区之间的交通运输职能。这些大运量公交系统不仅连接城市的不同片区，而且更加注重与城市对外交通枢纽（如航空、铁路、港口等）的衔接，以实现城市对外交通和内部交通的快捷转运。

16.3.2 新能源交通工具

根据中国乘用车市场信息联席会 2024 年发布的信息，据统计 2023 年世界汽车销量 8918 万台，其中新能源车销量 1428 万台，占比达 16%，其中纯电车占到一半。而新能源车的销量在 2018 年仅为 184 万台，短短几年增长近 8 倍。与传统燃油车相比，新能源汽车在减少交通二氧化碳排放方面可谓成效显著。据中汽数据有限公司测算，从全生命周期来看，一辆纯电动车碳排放为 22.4t；而传统燃油车全生命周期碳排放则达 39.7t，若将燃油车更换为纯电动车，一辆车将减碳约 43.4%。当然，尽管新能源车辆可以减少二氧化碳排放和能源消耗，但其能源效率的提高仅仅是较传统车辆而言，实际上无论其是否高效，仍然会对能源产生需求，且其本身并不能缓解交通拥堵和交通事故等问题。因此，只有鼓励在公共交通车辆中大量采用节能技术或采用新能源的引擎，才可以真正大规模地减少能源消耗。

16.3.3 分区内部慢行交通系统

一个城市内，轨道交通和城市地面公交基本可以解决跨片区的交通需求，但城市的轨道交通和地面公交无法遍及城市的每一个角落，在片区内部很多市民还面临着"最后一公里"等短距离交通的问题。因此需要更为方便与灵活的公共交通类型来承担这一责任，而慢行交通所具备的优势和特点刚好能解决这一问题。慢行交通又指非机动化交通，一般而言，是指出行速度低于 15km/h、出行距离不超过 6km 的一种出行方式。按其出行使用的交通工具分类，慢行交通包括步行交通、自行车交通、助力车交通等，这在当今中国的城市中非常普遍。

慢行交通是短距离出行的最优选择，无须换乘，不用考虑开辟大量空间进行停车，灵活度高机动性好。在城市的各个分区中，采用慢行交通的方式来解决大运量公交的接驳是十分重要的减排手段。同时，因为慢行交通的出行方式基本不消耗能源，步行交通和自行车交通都是近零碳排放的交通出行方式，所以在城市建设中将步行道、绿道、自行车道等慢行系统与公交、轨道站点紧密衔接，能够有效减少短途交通带来的碳排放。

16.3.4 共享交通模式

分布式交通系统中，基于公共交通站点发展的城市分区以步行和自行车的可接受距离为范围，构建分布式的城市格局和城市尺度，使得城市街区和步行、自行车等低碳出行方式得以复兴。2014 年，中国第一次出现了共享单车这样一种新型的交通工具。十年过后，据不完全统计全国共享单车数量已经超过 3200 万辆，2023 年，仅北京市一地的使用数据就累计达到了 10 亿次。基于公共自行、电动汽车等交通工具的共享发展趋势，共享交通工具有望成为未来城市的一大特征。而未来，在私人交通工具基础上进行共享汽车等模式的探索，将大大降低人均汽车保有量，并提高车辆的使用效率，缓解车辆停放所带来的空间矛盾，这些都将有益于碳排放的减少。

16.3.5　智慧交通信息系统

一体化的交通信息系统可以引导交通客货流的有序运行，实时的监控系统可以对整个系统进行动态调整，提高系统运行的效率，减少拥堵和延误，从而提高交通工具使用的整体效用。通过道路网、公交网、出租车等交通数据信息，结合手机数据融合开发实时城市动态模型，可以实时了解路段的行驶状况，判断拥堵和事故的地点，了解居民不同时段不同出行模式和不同区域的出行特征。这些数据也可以与土地开发的数据结合，构建数字化都市系统。通过对路段行程车速、公交运行时间、道路断面流量等数据的挖掘，可以描绘出单车的能耗轨迹、路段车辆的总体能耗轨迹，甚至捕捉整个城市的碳足迹。

16.3.6　低碳物流系统

打造集货物订单处理、货物运输、仓储管理于一体的低碳物流系统将极大地改变货物运输的能源结构。与此同时，考虑到综合交通枢纽改善和货物运输方式的转移，如加强铁路运输效率，提高多式联运体系的衔接便利程度等可以从整体上降低能源排放。对货物的运输模式和运输时间等进行合理规划，可以比选不同运营车辆的能源使用、碳和能源密集度（单位货物/能源），构建多式联运系统，寻找可替代燃料在货物运输体系中的应用可能性。此外，对物流系统的研究不应该只限于运输系统，而应该将其拓展到整个城市服务业和工业能耗的监测中去，物流本身也是货物和商品流通的必经过程。

16.4　城市水务低碳策略——城市中水系统

在城市中，由于远距离的水输送会带来大量的水渗漏，水务系统也具有极大的改造空间。充分利用雨水资源、中水资源进行水的循环使用，构建城市不同片区的中水系统，城市的供水和污水处理系统也可以在新技术的应用下实现更低碳和更高效。

16.4.1　雨水收集利用

在城市中建筑林立，雨水资源绝大部分是通过屋面收集的方式进行收集。屋面雨水有水质好、收集容易等优点，同时可以结合建筑的管道进行直接分类收集。屋面雨水通过雨水立管到达初期弃流装置，初期弃流装置会将较脏的雨水排至污水管道，而其余的雨水会通过独立设置的雨水管道进而流入贮水池，雨水在贮水池中先过滤、沉淀、再过滤、消毒，出水之后可以用作生活生产的非饮用水。此外，由于城市中地面多为硬质铺装，雨水无自然下渗，所以在建筑附近可以建造"可蓄水地面"，或者对人行道、车道、停车场等地进行改造从而贮存雨水，这就是我们所说的"海绵城市"。同时，对雨水的处理工艺技术也在不断创新，例如人工湿地处理以及过滤器处理。其中人工湿地的处理技术比较成熟，在通风的条件下，湿地系统的除氮率可以达到50%。这样的处理可以使得雨水能够大量应用于城市的绿化灌溉、环卫、水景等中。

16.4.2　不同层面的中水系统

"中水"的概念起源于日本，随着全球国家水资源的日益短缺而逐渐被世界各地所接受。它是将人们在生产生活中产生的废水收集处理之后再进行回用的非饮用水，其水质介于上水和下水之间。中水主要可以运用在日常的清洁、浇花灌溉、空调冷却、消防等方面，可以大量地降低对水资源的消耗。

目前技术上比较成熟的中水系统有三种类型：城市中水系统、小区中水系统、建筑中水系统。其中，城市中水系统的水源是污水处理厂的出水，需经过二级处理，为城市提供可以重复利用的水资源。小区中水系统和建筑中水系统则在目前应用最为广泛，前者以生活小区或者产业园区为单位，水源来源于本区域内，通过一定的人工和自然生态的处理方式，使水体循环使用；后者则是以单个建筑或几个建筑为单位形成的中水系统，本质是分流制的建筑排水系统，使生活污水和优质杂排水进入不同的排水管道，其中优质杂排水是中水的重要水源。

中水系统可以应用于日常生活中的很多地方，并且中水比饮用水的价格低，使用中水一方面可以减少人们的日常开支，另一方面可以大量节约高品质水，同时也减轻城市供排水系统的压力。中水是一种不可多得的低碳水务系统，特别在城市不同功能有机结合的空间格局下，中水系统将与城市分区形成绝佳的系统契合，结合传统的城市给水、排水管网，共同实现水资源的节约和集约利用。

16.4.3　雨污分离

采用分流制的排水体制实现雨污分离是实现城市水务系统减排的又一手段。当前我国大多数城市运用的都是合流制排水管道，大面积的合流制排水区域会对城市环境问题造成不利影响，并且提高了污水处理的成本。雨污分流制是指在城市排水系统中设置两套单独的排水管道，分别用来收集雨水和处理城市污水。独立的排水管道对避免交叉污染、优化污水的处理方式、提高污水的处理水平非常有必要。采用雨污分流之后，城市可以对雨水进行进一步的利用，并且可以减少城市污水处理的压力，实现水资源的合理利用。

16.5 城市垃圾处理低碳策略——分布式垃圾处理系统

城市的垃圾处理耗费大量能源，同时，采用填埋等处理方式更需要大面积的土地。随着垃圾的一些新型分类处理方式的出现，分布式的垃圾处理系统将改变传统的垃圾处理方法，做到了既节约能源又减少了垃圾处理量，实现了低碳垃圾处理的模式。

16.5.1 新型填埋处理技术

垃圾填埋技术较其他处理技术具有技术成熟可靠、处理成本和单位投资低等优点。但是，目前该技术在实际应用中仍然存在很多问题，如将原生垃圾直接填埋会导致渗滤液产生量较多、填埋气的回收利用较困难以及填埋场的防渗和稳定化等。在填埋处理的防渗以及稳定化方面，一些国家正在研究生物反应器填埋场，试图通过改变垃圾体内氧气含量、生物菌种、水分等条件，促进垃圾降解，加速垃圾稳定化进程，以达到减少渗滤处理量、缩短产气时间和封场后的维护时间、降低垃圾处理成本的目的。同时，如果在后续能够解决并高效回收垃圾填埋场的填埋气，则可以大大扩展填埋场的应用。填埋气的回收再利用不仅不存在对环境的二次污染，还将为填埋场周边地区带来明显的环境效益，如果能将填埋气应用于发电，或作为城市燃料及汽车燃料等，也能产生较好的经济效益。

因此，新型卫生填埋处理技术是未来垃圾处理必不可少的处理技术之一，并且是生活垃圾处理终端的安全处置方式，不仅能够减少垃圾填埋场的占地面积和填埋量，还可以实现填埋处理的无害化和资源化。

16.5.2 新型垃圾焚烧和热解技术

目前，垃圾焚烧依然是最普遍的垃圾处理方式。焚烧不仅能有效减量，还能利用余热供暖或直接发电，具有较高的社会和经济价值。然而，焚烧过程中产生的二次污染问题，特别是废水、废气和固废（尤其是二噁英）能否稳定达标排放，以及固废的稳定化处理，是垃圾焚烧广泛应用的关键问题。新型垃圾焚烧技术引入了稳定化和固化技术，以减少焚烧产生的飞灰和气体排放物。

稳定化技术通过化学方法降低废物的危险性，将污染组分转化为难溶、低迁移率或低毒的物质状态，而不改变废物的物理性质。固化技术则将废物包封，形成固态物，固化后的废物可以是块状、泥土状、颗粒状等物理形态，而不强调污染物组分和固化添加剂之间的化学反应。

垃圾热解处理技术是一种固体废物热化学处理方法，具有较低的污染排放率和较高的能源回收率。热解法利用垃圾中有机物的热不稳定性，在无氧或缺氧条件下加热，将大分子的有机物转变为小分子的可燃气体、液体燃料和固体燃料。热解产物的产率取决于原料的化学结构、物理形态和热解的温度、速度。热解技术具有减容量大、占地面积小、可燃性气体成分易控制、对垃圾成分的适应能力强、热值波动时也能适应，以及几乎不会造成二次污染等优点。

然而，热解方法较其他处理方法更为复杂，特别是城市生活垃圾成分的不稳定性给热解法的稳定生产带来一定困难。随着城市生活垃圾分类的不断推广，该技术的应用空间逐步扩大。如果能够对城市生活垃圾进行准确分类，提高垃圾成分的稳定性，热解技术有望成为未来城市生活垃圾处理的主要技术之一。

应用新型的焚烧和热解技术，就能实现就近布置城市生活垃圾处理站，形成分布式的垃圾处理系统。因此，有效部署移动式小型垃圾处理设备是实现高效压缩和分类、提高焚烧效率和质量、降低垃圾收集和运输设备调度成本的有效方法。

16.5.3　小型垃圾处理设备

厨余垃圾是生活垃圾类别里占比较高的部分，同时也是较容易处理的部分，但是传统的方式是集中收集、储运和处理，浪费了大量的能源。目前，针对厨余垃圾处理问题相继研究出一些新的技术手段，例如厌氧消化技术就是我国餐厨垃圾处理的重要方式，可以将家庭或企业每日生产的厨余垃圾进行源头收集。厌氧消化技术是指厨余垃圾在厌氧环境中被厌氧微生物分解成氢气、甲烷和各种稳定物质的手段。该技术采用封闭式设备，作为餐厨垃圾集中处置方式的重要补充，可以在家庭和企业厨房实现对厨余垃圾的有效减量处理，达到更好的垃圾处理效果。这种厨余垃圾处理的分布式系统，可以将厨余垃圾分解为大量的有机物和炭，并汇入污水系统，成为污水处理的有力补充，使整个城市废弃物处理系统的性能都得到较大提升。

附录：北京、上海、天津、重庆各城市数据和计算公式（部分）

（1）北京

（01）FINAL TIME = 2030

　　Units：年

　　The final time for the simulation.

（02）GDP= INTEG（GDP 增长量，17188.8）

　　Units：亿元

（03）GDP 增长率 = WITH LOOKUP（Time，（[（2011，−1）～（2030，0.9）]，（2011，0.081），（2012，0.077），（2013，0.077），（2014，0.074），（2015，0.069），（2016，0.069），（2017，0.068），（2018，0.067），（2019，0.061），（2020，0.012），（2025，0.054），（2030，0.046）））

　　Units：Dmnl

（04）GDP 增长量 =GDP×GDP 增长率

　　Units：亿元

（05）INITIAL TIME = 2011

　　Units：年

　　The initial time for the simulation.

（06）"R&D 经费投入比" = WITH LOOKUP（Time，（[（2011，0）～（2030，0.1）]，（2011，0.056），（2012，0.056），（2013，0.056），（2014，0.055），（2015，0.055），（2016，0.055），（2017，0.053），（2018，0.057），（2019，0.063），（2020，0.064），（2025，0.066），（2030，0.072）））

　　Units：Dmnl

（07）SAVEPER = TIME STEP

　　Units：年 [0，?]

　　The frequency with which output is stored.

（08）TIME STEP = 1

　　Units：年 [0，?]

　　The time step for the simulation.

（09）人口变化量 = 常住人口 × 人口自然增长率

　　Units：万人

（10）人口自然增长率 = WITH LOOKUP（Time，（[（2011，−0.005）～（2030，0.01）]，（2011，0.00402），（2012，0.00472），（2013，0.00439），（2014，0.0048），（2015，0.00298），（2016，0.00407），（2017，0.00373），（2018，0.00263），（2019，0.00258），（2020，0.00239），（2025，0.00109），（2030，−8.9e−05）））

　　Units：Dmnl

（11）人均 GDP=GDP/ 常住人口

　　Units：万元

（12）其他石油制品碳排放系数 =3.01

　　Units：Dmnl

（13）其他石油制品碳排放量 = 其他石油制品能源消耗量 × 其他石油制品碳排放系数

　　Units：万 t 标准煤

（14）其他石油制品能源消耗量 = 其他石油制品消耗比例 × 能源消耗总量

　　Units：万 t 标准煤

（15）净碳排放量 = 城市碳排放量 ×（1− 技术进步影响因子）− 碳汇变化量

　　Units：万 t 标准煤

（16）原油碳排放系数 =3.02

    Units：Dmnl

（17）原油碳排放量 = 原油能源消耗量 × 原油碳排放系数

    Units：万 t 标准煤

（18）原油能源消耗量 = 能源消耗总量 × 原油消耗比例

    Units：万 t 标准煤

（19）原煤碳排放系数 =1.9

    Units：Dmnl

（20）原煤碳排放量 = 原煤能源消耗量 × 原煤碳排放系数

    Units：万 t 标准煤

（21）原煤能源消耗量 = 能源消耗总量 × 原煤消耗比例

    Units：万 t 标准煤

（22）城市碳排放量 = 原油碳排放量 + 原煤碳排放量 + 天然气碳排放量 + 柴油碳排放量 + 汽油碳排放量 + 焦炭碳排放量 + 煤油碳排放量 + 燃料油碳排放量 + 其他石油制品碳排放量

    Units：万 t 标准煤

（23）天然气碳排放系数 =2.17

    Units：Dmnl

（24）天然气碳排放量 = 天然气能源消耗量 × 天然气碳排放系数

    Units：万 t 标准煤

（25）天然气能源消耗量 = 能源消耗总量 × 天然气消耗比例

    Units：万 t 标准煤

（26）常住人口 = INTEG（人口变化量，2023.8）

    Units：万人

（27）技术进步影响因子 = 教育投入 /22000+ 科技投入 /22000

    Units：Dmnl

（28）教育投入 =GDP× 教育经费投入比

    Units：亿元

（29）教育经费投入比 = WITH LOOKUP（Time，（[（2011，0.03）～（2030，0.1）]，（2011，0.043），（2013，0.047），（2014，0.048），（2015，0.045），（2016，0.044），（2017，0.042），（2018，0.041），（2019，0.042），（2025，0.034），（2030，0.03）））

    Units：Dmnl

（30）林地碳吸收强度 =0.49

    Units：Dmnl

（31）林地面积 = INTEG（林地面积变化量，101.35）

    Units：万 hm^2

（32）林地面积变化量 = WITH LOOKUP（Time，（[（2010，0）～（2030，10）]，（2010.77，1.36842），（2011，0），（2012，0），（2013，0），（2014，5.75），（2015，0），（2016，0），（2017，0），（2018，0），（2019，0），（2020，0），（2030，5.75）））

    Units：万 hm^2

（33）柴油碳排放系数 =3.1

    Units：Dmnl

（34）柴油碳排放量 = 柴油能源消耗量 × 柴油碳排放系数

    Units：万 t 标准煤

（35）柴油能源消耗量 = 能源消耗总量 × 柴油消耗比例

    Units：万 t 标准煤

（36）汽油碳排放系数 =2.93

    Units：Dmnl

（37）汽油碳排放量 = 汽油能源消耗量 × 汽油碳排放系数

    Units：万 t 标准煤

（38）汽油能源消耗量 = 能源消耗总量 × 汽油消耗比例

    Units：万 t 标准煤

（39）焦炭碳排放系数 =2.85

　　Units：Dmnl

（40）焦炭碳排放量 = 焦炭能源消耗量 × 焦炭碳排放系数

　　Units：万 t 标准煤

（41）焦炭能源消耗量 = 能源消耗总量 × 焦炭消耗比例

　　Units：万 t 标准煤

（42）煤油碳排放系数 =3.04

　　Units：Dmnl

（43）煤油碳排放量 = 煤油能源消耗量 × 煤油碳排放系数

　　Units：万 t 标准煤

（44）煤油能源消耗量 = 能源消耗总量 × 煤油消耗比例

　　Units：万 t 标准煤

（45）燃料油碳排放系数 =3.17

　　Units：Dmnl

（46）燃料油碳排放量 = 燃料油能源消耗量 × 燃料油碳排放系数

　　Units：万 t 标准煤

（47）燃料油能源消耗量 = 能源消耗总量 × 燃料油消耗比例

　　Units：万 t 标准煤

（48）生产性能源消耗量 = 第一产业能源消耗 + 第二产业能源消耗 + 第三产业能源消耗

　　Units：万 t 标准煤

（49）生态环境治理因子 = 碳排放强度的差 / 碳排放强度

　　Units：Dmnl

（50）生活性能源消耗量 =1058.7+0.03 × GDP−25.373 × 人均 GDP

　　Units：万 t 标准煤

（51）碳排放强度 = 城市碳排放量 /GDP

　　Units：万 t/ 亿元

（52）碳排放强度的差 =MAX（碳排放强度 – 碳排放强度目标值，0）

　　Units：万 t/ 亿元

（53）碳排放强度目标值 = WITH LOOKUP（Time，（[（2011，0）–（2030，1）]，（2020，0.3），（2030，0.2135）））

　　Units：万 t/ 亿元

（54）碳汇变化量 =（林地碳吸收强度 × 林地面积 + 耕地面积 × 耕地碳吸收强度）×（1+ 生态环境治理因子）

　　Units：万 t 标准煤

（55）碳汇能力 = INTEG（碳汇变化量，0）

　　Units：万 t 标准煤

（56）科技投入 =GDP× "R&D 经费投入比"

　　Units：亿元

（57）第一产业万元 GDP 能耗 = WITH LOOKUP（Time，（[（2011，0）～（2030，1）]，（2011，0.731），（2012，0.661），（2013，0.609），（2014，0.576），（2015，0.603），（2016，0.619），（2017，0.591），（2018，0.503），（2019，0.488），（2020，0.473），（2025，0.408），（2030，0.34）））

　　Units：t 标准煤 / 万元

（58）第一产业产值 =GDP× 第一产业占比

　　Units：亿元

（59）第一产业占比 = WITH LOOKUP（Time，（[（2011，0）～（2030，0.01）]，（2011，0.008），（2012，0.008），（2013，0.008），（2014，0.007），（2015，0.006），（2016，0.005），（2017，0.004），（2018，0.004），（2019，0.003），（2020，0.004），（2030，0.001）））

　　Units：Dmnl

（60）第一产业能源消耗 = 第一产业产值 × 第一产业万元 GDP 能耗

　　Units：万 t 标准煤

（61）第三产业万元 GDP 能耗 = WITH LOOKUP（Time，（[（2011，0）～（2030，1）]，（2011，0.209），

（2012，0.198），（2013，0.185），（2014，0.177），（2015，0.164），（2016，0.153），（2017，0.142），（2018，0.134），（2019，0.127），（2020，0.107），（2025，0.082），（2030，0.058）））

Units：t 标准煤 / 万元

（62）第三产业产值 =GDP× 第三产业占比

Units：亿元

（63）第三产业占比 = WITH LOOKUP（Time，（[（2011，0）～（2030，1）]，（2011，0.785），（2012，0.79），（2013，0.795），（2014，0.8），（2015，0.816），（2016，0.823），（2017，0.827），（2018，0.831），（2019，0.837），（2020，0.838），（2030，0.889）））

Units：Dmnl

（64）第三产业能源消耗 = 第三产业产值 × 第三产业万元 GDP 能耗

Units：万 t 标准煤

（65）第二产业万元 GDP 能耗 = WITH LOOKUP（Time，（[（2011，0）～（2030，1）]，（2011，0.606），（2012，0.54），（2013，0.499），（2014，0.451），（2015，0.43），（2016，0.401），（2017，0.365），（2018，0.335），（2019，0.327），（2020，0.306），（2025，0.207），（2030，0.144）））

Units：t 标准煤 / 万元

（66）第二产业产值 =GDP× 第二产业占比

Units：亿元

（67）第二产业占比 = WITH LOOKUP（Time，（[（2011，0）～（2030，1）]，（2011，0.207），（2012，0.203），（2013，0.197），（2014，0.193），（2015，0.178），（2016，0.173），（2017，0.169），（2018，0.165），（2019，0.16），（2020，0.158），（2030，0.11）））

Units：Dmnl

（68）第二产业能源消耗 = 第二产业产值 × 第二产业万元 GDP 能耗

Units：万 t 标准煤

（69）耕地碳吸收强度 =5.624

Units：Dmnl

（70）耕地面积 = INTEG（耕地面积变化量，22.2）

Units：万 hm²

（71）耕地面积变化量 = WITH LOOKUP（Time，（[（2011，-1）～（2030，3）]，（2011，-0.18），（2012，-0.11），（2013，0.03），（2014，-0.13），（2015，-0.06），（2016，-0.3），（2017，-0.26），（2025，-0.572），（2030，-0.741）））

Units：万 hm²

（72）能源消耗总量 = 生产性能源消耗量 + 生活性能源消耗量

Units：万 t 标准煤

（73）原油消耗比例 = WITH LOOKUP（Time，（[（2011，0）～（2030，2）]，（2011，0.246），（2012，0.234），（2013，0.185），（2014，0.216），（2015，0.204），（2016，0.168），（2017，0.179），（2018，0.179），（2019，0.182），（2025，0.16），（2030，0.14）））

Units：Dmnl

（74）原煤消耗比例 = WITH LOOKUP（Time，（[（2011，0）～（2030，2）]，（2011，0.263），（2012，0.246），（2013，0.214），（2014，0.181），（2015，0.12），（2016，0.086），（2017，0.049），（2018，0.022），（2019，0.014），（2025，0.01），（2030，0.005）））

Units：Dmnl

（75）天然气消耗比例 = WITH LOOKUP（Time，（[（2011，0）～（2030，2）]，（2011，0.12），（2012，0.146），（2013，0.155），（2014，0.175），（2015，0.227），（2016，0.24），（2017，0.24），（2018，0.27），（2019，0.27），（2025，0.33），（2030，0.38）））

Units：Dmnl

（76）汽油消耗比例 = WITH LOOKUP（Time，（[（2011，0）～（2030，1）]，（2011，0.032），（2012，0.035），（2013，0.044），（2014，0.033），（2015，0.036），（2015.82，0.044），（2017，0.045），（2018，0.044），（2019，0.043），（2025，0.04），（2030，0.03）））

Units：Dmnl

（77）煤油消耗比例 = WITH LOOKUP（Time，（[（2011，0）～（2030，1）]，（2011，0.068），（2012，0.07），（2013，0.083），（2014，0.077），（2015，0.083），（2016，0.094），（2017，0.093），（2018，

0.102），（2019，0.101），（2030，0.1）））

     Units：Dmnl

  （78）焦炭消耗比例 = WITH LOOKUP（Time，（[（2011，0）~（2030，0.1）]，（2011，0.005），（2012，0.005），（2013，0），（2014，0），（2015，0），（2016，0），（2017，0），（2018，0），（2019，0），（2025，0），（2030，0）））

     Units：Dmnl

（2）上海

  （01）FINAL TIME = 2030

     Units：年

     The final time for the simulation.

  （02）GDP= INTEG（GDP 增长量，20009.7）

     Units：亿元

  （03）GDP 增长率 = WITH LOOKUP time，（[（2011，0）~（2030，0.2）]，（2011，0.083），（2012，0.075），（2013，0.079），（2014，0.071），（2015，0.07），（2016，0.069），（2017，0.07），（2018，0.068），（2019，0.06），（2020，0.017），（2025，0.054），（2030，0.047）））

     Units：Dmnl

  （04）GDP 增长量 = GDP × GDP 增长率

     Units：亿元

  （05）INITIAL TIME = 2011

     Units：年

     The initial time for the simulation.

  （06）"R&D 经费投入比" = WITH LOOKUP（Time，（[（2011，0）~（2030，0.1）]，（2011，0.0299），（2012，0.0319），（2013，0.0335），（2014，0.0341），（2015，0.0348），（2016，0.0351），（2017，0.0366），（2018，0.0377），（2019，0.0401），（2020，0.0417），（2025，0.048），（2030，0.056）））

     Units：Dmnl

  （07）SAVEPER = TIME STEP

     Units：年 [0，?]

     The frequency with which output is stored.

  （08）TIME STEP = 1

     Units：年 [0，?]

     The time step for the simulation.

  （09）人口变化量 = 常住人口 × 人口自然增长率

     Units：万人

  （10）人口自然增长率 = WITH LOOKUP（Time，（[（2011，-0.01）（2030，0.01）]，（2011，-0.00068），（2012，0.00026），（2013，-0.00054），（2014，0.00032），（2015，-0.00127），（2016，0.0005），（2017，-0.0006），（2018，-0.0019），（2019，-0.00231），（2020，-0.00352），（2025，-0.004），（2030，-0.005）））

     Units：Dmnl

  （11）人均 GDP=GDP/ 常住人口

     Units：万元

  （12）净碳排放量 = 城市碳排放量 ×（1– 技术进步影响因子）– 碳汇能力

     Units：万 t 标准煤

  （13）原油碳排放系数 =3.02

     Units：Dmnl

  （14）原油碳排放量 = 原油能源消耗量 × 原油碳排放系数

     Units：万 t 标准煤

  （15）原油能源消耗量 = 能源消耗总量 × 原油消耗比例

     Units：万 t 标准煤

  （16）原煤碳排放系数 =1.9

     Units：Dmnl

（17）原煤碳排放量 = 原煤能源消耗量 × 原煤碳排放系数

Units：万 t 标准煤

（18）原煤能源消耗量 = 能源消耗总量 × 原煤消耗比例

Units：万 t 标准煤

（19）城市碳排放量 = 原油碳排放量 + 原煤碳排放量 + 天然气碳排放量 + 柴油碳排放量 + 汽油碳排放量 + 焦炭碳排放量 + 煤油碳排放量 + 燃料油碳排放量

Units：万 t 标准煤

（20）天然气碳排放系数 =2.17

Units：Dmnl

（21）天然气碳排放量 = 天然气能源消耗量 × 天然气碳排放系数

Units：万 t 标准煤

（22）天然气能源消耗量 = 能源消耗总量 × 天然气消耗比例

Units：万 t 标准煤

（23）常住人口 = INTEG（人口变化量，2355.53）

Units：万人

（24）技术进步影响因子 = 教育投入 /22000+ 科技投入 /22000

Units：Dmnl

（25）教育投入 =GDP× 教育经费投入比

Units：亿元

（26）教育经费投入比 = WITH LOOKUP（Time，（[（2011，0.03）～（2030，0.1）]，（2011，0.03551），（2013，0.03909），（2014，0.03915），（2015，0.03768），（2016，0.03754），（2017，0.03676），（2018，0.03725），（2019，0.03718），（2025，0.038），（2030，0.04）））

Units：Dmnl

（27）林地碳吸收强度 =0.49

Units：Dmnl

（28）林地面积 = INTEG（林地面积变化量，7.73）

Units：万 hm^2

（29）林地面积变化量 = WITH LOOKUP（Time，（[（2011，0）～（2030，10）]，（2011，0），（2012，0），（2013，0），（2014，2.46），（2015，0），（2016，0），（2017，0），（2018，0），（2019，0），（2020，0），（2030，2.5）））

Units：万 hm^2

（30）柴油碳排放系数 =3.1

Units：Dmnl

（31）柴油碳排放量 = 柴油能源消耗量 × 柴油碳排放系数

Units：万 t 标准煤

（32）柴油能源消耗量 = 能源消耗总量 × 柴油消耗比例

Units：万 t 标准煤

（33）汽油碳排放系数 =2.93

Units：Dmnl

（34）汽油碳排放量 = 汽油能源消耗量 × 汽油碳排放系数

Units：万 t 标准煤

（35）汽油能源消耗量 = 能源消耗总量 × 汽油消耗比例

Units：万 t 标准煤

（36）焦炭碳排放系数 =2.85

Units：Dmnl

（37）焦炭碳排放量 = 焦炭能源消耗量 × 焦炭碳排放系数

Units：万 t 标准煤

（38）焦炭能源消耗量 = 能源消耗总量 × 焦炭消耗比例

Units：万 t 标准煤

（39）煤油碳排放系数 =3.04

Units：Dmnl

（40）煤油碳排放量 = 煤油能源消耗量 × 煤油碳排放系数

Units：万 t 标准煤

（41）煤油能源消耗量 = 能源消耗总量 × 煤油消耗比例

Units：万 t 标准煤

（42）燃料油碳排放系数 =3.17

Units：Dmnl

（43）燃料油碳排放量 = 燃料油能源消耗量 × 燃料油碳排放系数

Units：万 t 标准煤

（44）燃料油能源消耗量 = 能源消耗总量 × 燃料油消耗比例

Units：万 t 标准煤

（45）生产性能源消耗量 = 第一产业能源消耗 + 第二产业能源消耗 + 第三产业能源消耗

Units：万 t 标准煤

（46）生态环境治理因子 = 碳排放强度的差 / 碳排放强度

Units：Dmnl

（47）生活性能源消耗量 =436.054+0.025 × GDP+0.261 × 人均 GDP

Units：万 t 标准煤

（48）耕地碳吸收强度 =5.624

Units：Dmnl

（49）碳排放强度 = 城市碳排放量 /GDP

Units：万 t/ 亿元

（50）碳排放强度的差 =MAX（碳排放强度 – 碳排放强度目标值，0）

Units：万 t/ 亿元

（51）碳排放强度目标值 = WITH LOOKUP（Time，（[（2011，0）～（2030，1）]，（2020，0.3），（2030，0.2135）））

Units：万 t/ 亿元

（52）碳汇变化量 = （林地碳吸收强度量 × 林地面积 + 耕地面积 × 耕地碳吸收强度）×（1+ 生态环境治理因子）

Units：万 t 标准煤

（53）科技投入 =GDP×"R&D 经费投入比"

Units：亿元

（54）第一产业万元 GDP 能耗 = WITH LOOKUP（Time，（[（2011，0）～（2030，1）]，（2011，0.4595），（2012，0.4483），（2013，0.4539），（2014，0.4563），（2015，0.4764），（2016，0.5511），（2017，0.5611），（2018，0.5896），（2019，0.5564），（2020，0.5726），（2025，0.72），（2030，0.86）））

Units：t 标准煤 / 万元

（55）第一产业产值 =GDP× 第一产业占比

Units：亿元

（56）第一产业占比 = WITH LOOKUP （Time，（[（2011，0）～（2030，0.01）]，（2011，0.006），（2012，0.006），（2013，0.006），（2014，0.005），（2015，0.004），（2016，0.004），（2017，0.004），（2018，0.003），（2019，0.003），（2020，0.003），（2030，0.001）））

Units：Dmnl

（57）第一产业能源消耗 = 第一产业产值 × 第一产业万元 GDP 能耗

Units：万 t 标准煤

（58）第三产业万元 GDP 能耗 = WITH LOOKUP（Time，（[（2011，0）～（2030，1）]，（2011，0.278），（2012，0.2633），（2013，0.2359），（2014，0.2115），（2015，0.2054），（2016，0.1902），（2017，0.184），（2018，0.1746），（2019，0.1664），（2020，0.1453）））

Units：t 标准煤 / 万元

（59）第三产业产值 =GDP× 第三产业占比

Units：亿元

（60）第三产业占比 = WITH LOOKUP（Time，（[（2011，0）～（2030，1）]，（2011，0.586），（2012，0.61），（2013，0.637），（2014，0.653），（2015，0.683），（2016，0.709），（2017，0.707），（2018，0.709），（2019，0.729），（2020，0.731），（2030，0.84）））

Units：Dmnl

（61）第三产业能源消耗 = 第三产业产值 × 第三产业万元 GDP 能耗

Units：万 t 标准煤

（62）第二产业万元 GDP 能耗 = WITH LOOKUP（Time，（[（2011，0）　（2030，1）]，（2011，0.7784），（2012，0.7558），（2013，0.7597），（2014，0.7171），（2015，0.7275），（2016，0.7055），（2017，0.6123），（2018，0.5475），（2019，0.5805），（2020，0.55），（2025，0.44），（2030，0.4）））

Units：t 标准煤 / 万元

（63）第二产业产值 =GDP× 第二产业占比

Units：亿元

（64）第二产业占比 = WITH LOOKUP（Time，（[（2011，0）~（2030，1）]，（2011，0.408），（2012，0.384），（2013，0.357），（2014，0.342），（2015，0.313），（2016，0.287），（2017，0.289），（2018，0.288），（2019，0.268），（2020，0.266），（2030，0.16）））

Units：Dmnl

（65）第二产业能源消耗 = 第二产业产值 × 第二产业万元 GDP 能耗

Units：万 t 标准煤

（66）耕地面积 = INTEG（耕地面积变化量，18.82）

Units：万 hm^2

（67）耕地面积变化量 = WITH LOOKUP（Time，（[（2011，−1）−（2030，3）]，（2011，−0.06），（2012，0.06），（2013，0.02），（2014，0.02），（2015，0.16），（2016，0.09），（2017，0.09），（2025，0.27），（2030，0.38）））

Units：万 hm^2

（68）能源消耗总量 = 生产性能源消耗量 + 生活性能源消耗量

Units：万 t 标准煤

（69）原油消耗比例 = WITH LOOKUP（Time，（[（2011，0）~（2030，1）]，（2011，0.270585），（2012，0.2779），（2013，0.3289），（2014，0.289），（2015，0.3169），（2016，0.3018），（2017，0.3129），（2018，0.288），（2019，0.3172），（2025，0.32），（2030，0.33）））

Units：Dmnl

（70）原煤消耗比例 = WITH LOOKUP（Time，（[（2011，0）~（2030，1）]，（2011，0.316），（2012，0.2913），（2013，0.3033），（2014，0.2655），（2015，0.2416），（2016，0.2322），（2017，0.2339），（2018，0.2216），（2019，0.2072），（2025，0.15），（2030，0.12）））

Units：Dmnl

（71）天然气消耗比例 = WITH LOOKUP（Time，（[（2011，0）~（2030，1）]，（2011，0.0512401），（2012，0.059259），（2013，0.0674309），（2014，0.0687213），（2015，0.0709606），（2016，0.0705885），（2017，0.0763303），（2018，0.085532），（2019，0.0893057），（2025，0.12），（2030，0.16）））

Units：Dmnl

（72）焦炭消耗比例 = WITH LOOKUP（Time，（[（2011，−0.1）~（2030，0.1）]，（2011，0.00566439），（2012，0.00346851），（2013，0.00863205），（2014，0.0145719），（2015，0.00821226），（2016，0.00448694），（2017，0.00125459），（2018，0.0053329），（2019，0.0060245），（2025，0.002），（2030，0.001）））

Units：Dmnl

（73）煤油消耗比例 = WITH LOOKUP（Time，（[（2011，0）~（2030，1）]，（2011，0.032688），（2012，0.0307887），（2013，0.0278557），（2014，0.0273595），（2015，0.0282355），（2016，0.0368629），（2017，0.0464747），（2018，0.0570036），（2019，0.0518115），（2025，0.07），（2030，0.08）））

Units：Dmnl

（74）燃料油消耗比例 = WITH LOOKUP（Time，（[（2011，0）~（2030，1）]，（2011，0.0818476），（2012，0.078318），（2013，0.0708087），（2014，0.0661431），（2015，0.0642839），（2016，0.0682758），（2017，0.0827713），（2018，0.079655），（2019，0.0760038），（2025，0.08），（2030，0.09）））

Units：Dmnl

（3）天津

（01）FINAL TIME = 2030

Units：年

The final time for the simulation.

（02）GDP= INTEG （GDP 增长量，8112.51）

Units：亿元

（03）GDP 增长率 = WITH LOOKUP（Time，（[（2011，0）~（2030，0.9）]，（2011，0.134），（2012，0.113），（2013，0.101），（2014，0.075），（2015，0.069），（2016，0.06），（2017，0.034），（2018，0.034），（2019，0.048），（2020，0.015），（2030，0.03）））

Units：Dmnl

（04）GDP 增长量 =GDP × GDP 增长率

Units：亿元

（05）INITIAL TIME = 2011

Units：年

The initial time for the simulation.

（06）"R&D 经费投入比" = WITH LOOKUP（Time，（[（2011，0）~（2030，0.1）]，（2011，0.0367），（2012，0.0399），（2013，0.043），（2014，0.0437），（2015，0.0469），（2016，0.0468），（2017，0.0368），（2018，0.0368），（2019，0.0329），（2020，0.0344），（2025，0.03），（2030，0.025）））

Units：Dmnl

（07）SAVEPER = TIME STEP

Units：年 [0，?]

The frequency with which output is stored.

（08）TIME STEP = 1

Units：年 [0，?]

The time step for the simulation.

（09）人口变化量 = 常住人口 × 人口自然增长率

Units：万人

（10）人口自然增长率 = WITH LOOKUP（Time，（[（2011，−0.005）~（2030，0.03）]，（2011，0.0025），（2012，0.00263），（2013，0.00228），（2014，0.00214），（2015，0.00023），（2016，0.00183），（2017，0.0026），（2018，0.00125），（2019，0.00143），（2020，7e−05），（2025，−0.0001），（2030，−0.0009）））

Units：Dmnl

（11）人均 GDP=GDP/ 常住人口

Units：万元

（12）净碳排放量 = 城市碳排放量 ×（1− 技术进步影响因子）− 碳汇变化量

Units：万 t 标准煤

（13）原油消耗比例 = WITH LOOKUP（Time，（[（2011，0）~（2030，2）]，（2011，0.369），（2012，0.301），（2013，0.319），（2014，0.281），（2015，0.279），（2016，0.253），（2017，0.296），（2018，0.302），（2019，0.294），（2025，0.278），（2030，0.271）））

Units：Dmnl

（14）原油碳排放系数 =3.02

Units：Dmnl

（15）原油碳排放量 = 原油能源消耗量 × 原油碳排放系数

Units：万 t 标准煤

（16）原油能源消耗量 = 能源消耗总量 × 原油消耗比例

Units：万 t 标准煤

（17）原煤消耗比例 = WITH LOOKUP（Time，（[（2011，0）~（2030，2）]，（2011，0.504），（2012，0.472），（2013，0.436），（2014，0.403），（2015，0.36），（2016，0.341），（2017，0.328），（2018，0.318），（2019，0.297），（2025，0.191），（2030，0.136）））

Units：Dmnl

（18）原煤碳排放系数 =1.9

Units：Dmnl

（19）原煤碳排放量 = 原煤能源消耗量 × 原煤碳排放系数

Units：万 t 标准煤

（20）原煤能源消耗量 = 能源消耗总量 × 原煤消耗比例

Units：万 t 标准煤

（21）城市碳排放量 = 原油碳排放量 + 原煤碳排放量 + 天然气碳排放量 + 柴油碳排放量 + 汽油碳排放量 + 焦炭碳排放量 + 煤油碳排放量 + 燃料油碳排放量

Units：万 t 标准煤

（22）天然气消耗比例 = WITH LOOKUP（Time，（[（2011，0）～（2030，2）]，（2011，0.04），（2012，0.047），（2013，0.05），（2014，0.06），（2015，0.083），（2016，0.099），（2017，0.114），（2018，0.139），（2019，0.143），（2025，0.247），（2030，0.339）））

Units：Dmnl

（23）天然气碳排放系数 =2.17

Units：Dmnl

（24）天然气碳排放量 = 天然气能源消耗量 × 天然气碳排放系数

Units：万 t 标准煤

（25）天然气能源消耗量 = 能源消耗总量 × 天然气消耗比例

Units：万 t 标准煤

（26）常住人口 = INTEG（人口变化量，1341）

Units：万人

（27）技术进步影响因子 = 教育投入 /22000+ 科技投入 /22000

Units：Dmnl

（28）教育投入 =GDP× 教育经费投入比

Units：亿元

（29）教育经费投入比 = WITH LOOKUP（Time，（[（2011，0）～（2030，0.1）]，（2011，0.051），（2013，0.057），（2014，0.059），（2015，0.052），（2016，0.047），（2017，0.047），（2018，0.048），（2019，0.045），（2025，0.033），（2030，0.026）））

Units：Dmnl

（30）林地碳吸收强度 =0.49

Units：Dmnl

（31）林地面积 = INTEG（林地面积变化量，15.62）

Units：万 hm^2

（32）林地面积变化量 = WITH LOOKUP（Time，（[（2010，0）～（2030，10）]，（2010.77，1.36842），（2011，0），（2012，0），（2013，0），（2014，4.77），（2015，0），（2016，0），（2017，0），（2018，0），（2019，0），（2020，0），（2030，4.77）））

Units：万 hm^2

（33）柴油碳排放系数 =3.1

Units：Dmnl

（34）柴油碳排放量 = 柴油能源消耗量 × 柴油碳排放系数

Units：万 t 标准煤

（35）柴油能源消耗量 = 能源消耗总量 × 柴油消耗比例

Units：万 t 标准煤

（36）汽油碳排放系数 =2.93

Units：Dmnl

（37）汽油碳排放量 = 汽油能源消耗量 × 汽油碳排放系数

Units：万 t 标准煤

（38）汽油能源消耗量 = 能源消耗总量 × 汽油消耗比例

Units：万 t 标准煤

（39）焦炭消耗比例 = WITH LOOKUP（Time，（[（2011，0）～（2030，1）]，（2011，0.068），（2012，0.087），（2013，0.086），（2014，0.086），（2015，0.083），（2016，0.08），（2017，0.081），（2018，0.086），（2019，0.087），（2025，0.083），（2030，0.082）））

Units：Dmnl

（40）焦炭碳排放系数 =2.85

Units：Dmnl

（41）焦炭碳排放量 = 焦炭能源消耗量 × 焦炭排放系数

Units：万 t 标准煤

（42）焦炭能源消耗量 = 能源消耗总量 × 焦炭消耗比例

Units：万 t 标准煤

（43）煤油碳排放系数 =3.04

Units：Dmnl

（44）煤油碳排放量 = 煤油能源消耗量 × 煤油碳排放系数

Units：万 t 标准煤

（45）煤油能源消耗量 = 能源消耗总量 × 煤油消耗比例

Units：万 t 标准煤

（46）燃料油消耗比例 = WITH LOOKUP（Time，（[（2011，0）～（2030，1）]，（2011，0.015），（2012，0.014），（2013，0.006），（2014，0.008），（2015，0.008），（2016，0.008），（2017，0.007），（2018，0.008），（2019，0.008），（2025，0.005），（2030，0.003）））

Units：Dmnl

（47）燃料油碳排放系数 =3.17

Units：Dmnl

（48）燃料油碳排放量 = 燃料油能源消耗量 × 燃料油碳排放系数

Units：万 t 标准煤

（49）燃料油能源消耗量 = 能源消耗总量 × 燃料油消耗比例

Units：万 t 标准煤

（50）生产性能源消耗量 = 第一产业能源消耗 + 第二产业能源消耗 + 第三产业能源消耗

Units：万 t 标准煤

（51）生态环境治理因子 = 碳排放强度的差 / 碳排放强度

Units：Dmnl

（52）生活性能源消耗量 =–6.751+0.111× GDP–31.832× 人均 GDP

Units：万 t 标准煤

（53）碳排放强度 = 城市碳排放量 /GDP

Units：万 t/ 亿元

（54）碳排放强度的差 =MAX（碳排放强度 – 碳排放强度目标值，0）

Units：万 t/ 亿元

（55）碳排放强度目标值 = WITH LOOKUP（Time，（[（2011，0）～（2030，1）]，（2020，0.3），（2030，0.2135）））

Units：万 t/ 亿元

（56）碳汇变化量 =（林地碳吸收强度 × 林地面积 + 耕地面积 × 耕地碳吸收强度）×（1+ 生态环境治理因子）

Units：万 t 标准煤

（57）碳汇能力 = INTEG（碳汇变化量，0）

Units：万 t 标准煤

（58）科技投入 =GDP×"R&D 经费投入比"

Units：亿元

（59）第一产业万元 GDP 能耗 = WITH LOOKUP（Time，（[（2011，0）～（2030，1）]，（2011，0.619），（2012，0.637），（2013，0.641），（2014，0.639），（2015，0.65），（2016，0.654），（2017，0.691），（2018，0.615），（2019，0.577），（2020，0.501），（2025，0.524），（2030，0.477）））

Units：t 标准煤 / 万元

（60）第一产业产值 =GDP× 第一产业占比

Units：亿元

（61）第一产业占比 = WITH LOOKUP（Time，（[（2011，0）～（2030，0.02）]，（2011，0.017），（2012，0.016），（2013，0.016），（2014，0.015），（2015，0.015），（2016，0.015），（2017，0.013），（2018，0.013），（2019，0.013），（2020，0.015），（2030，0.011）））

Units：Dmnl

（62）第一产业能源消耗 = 第一产业产值 × 第一产业万元 GDP 能耗

Units：万 t 标准煤

（63）第三产业万元 GDP 能耗 = WITH LOOKUP（Time，（[（2011，0）～（2030，1）]，（2011，0.221），（2012，0.214），（2013，0.205），（2014，0.198），（2015，0.209），（2016，0.193），（2017，0.177），（2018，0.162），（2019，0.158），（2020，0.148），（2025，0.123），（2030，0.099）））

    Units：t 标准煤 / 万元

（64）第三产业产值 =GDP× 第三产业占比

    Units：亿元

（65）第三产业占比 = WITH LOOKUP（Time，（[（2011，0）～（2030，1）]，（2011，0.52），（2012，0.527），（2013，0.541），（2014，0.551），（2015，0.572），（2016，0.605），（2017，0.62），（2018，0.625），（2019，0.635），（2020，0.644），（2030，0.763）））

    Units：Dmnl

（66）第三产业能源消耗 = 第三产业产值 × 第三产业万元 GDP 能耗

    Units：万 t 标准煤

（67）第二产业万元 GDP 能耗 = WITH LOOKUP（Time，（[（2011，0）～（2030，2）]，（2011，1.287），（2012，1.248），（2013，1.281），（2014，1.255），（2015，1.273），（2016，1.229），（2017，1.118），（2018，1.088），（2019，1.12），（2020，1.149），（2025，1.005），（2030，0.914）））

    Units：t 标准煤 / 万元

（68）第二产业产值 =GDP× 第二产业占比

    Units：亿元

（69）第二产业占比 = WITH LOOKUP（Time，（[（2011，0）～（2030，1）]，（2011，0.463），（2012，0.457），（2013，0.443），（2014，0.434），（2015，0.413），（2016，0.38），（2017，0.367），（2018，0.362），（2019，0.352），（2020，0.341），（2030，0.226）））

    Units：Dmnl

（70）第二产业能源消耗 = 第二产业产值 × 第二产业万元 GDP 能耗

    Units：万 t 标准煤

（71）耕地碳吸收强度 =5.624

    Units：Dmnl

（72）耕地面积 = INTEG（耕地面积变化量，44.11）

    Units：万 hm^2

（73）耕地面积变化量 = WITH LOOKUP（Time，（[（2011，−1）～（2030，3）]，（2011，−0.26），（2012，−0.18），（2013，−0.1），（2014，−0.11），（2015，−0.03），（2016，0），（2017，−0.01），（2025，−0.01），（2030，−0.01）））

    Units：万 hm^2

（74）能源消耗总量 = 生产性能源消耗量 + 生活性能源消耗量

    Units：万 t 标准煤

（4）重庆

（01）FINAL TIME = 2030

    Units：年

    The final time for the simulation.

（02）GDP= INTEG（GDP 增长量，10161.2）

    Units：亿元

（03）GDP 增长率 = WITH LOOKUP（Time，（[（2011，0）～（2030，0.9）]，（2011，0.164），（2012，0.136），（2013，0.123），（2014，0.109），（2015，0.11），（2016，0.107），（2017，0.093），（2018，0.06），（2019，0.063），（2020，0.039），（2030，0.039）））

    Units：Dmnl

（04）GDP 增长量 =GDP× GDP 增长率

    Units：亿元

（05）INITIAL TIME = 2011

    Units：年

    The initial time for the simulation.

（06）"R&D 经费投入比" = WITH LOOKUP（Time，（[（2011，0）～（2030，0.1）]，（2011，0.013），

（2012，0.014），（2013，0.015），（2014，0.0133），（2015，0.0153），（2016，0.017），（2017，0.0179），（2018，0.0195），（2019，0.0199），（2020，0.0211），（2025，0.0283），（2030，0.038）））

        Units：Dmnl

    （07）SAVEPER = TIME STEP

        Units：年 [0，?]

        The frequency with which output is stored.

    （08）TIME STEP = 1

        Units：年 [0，?]

        The time step for the simulation.

    （09）人口变化量 = 常住人口 × 人口自然增长率

        Units：万人

    （10）人口自然增长率 = WITH LOOKUP（Time，（[（2011，−0.005）~（2030，0.03）]，（2011，0.00654），（2012，0.00388），（2013，0.00467），（2014，0.0051），（2015，0.00401），（2016，0.00576），（2017，−0.00109），（2018，0.00338），（2019，0.0028），（2020，−0.00142），（2025，−0.00193），（2030，−0.003）））

        Units：Dmnl

    （11）人均 GDP=GDP/ 常住人口

        Units：万元

    （12）其他煤气消耗比例 = WITH LOOKUP（Time，（[（2011，0）~（2030，1）]，（2011，0.008），（2012，0.017），（2013，0.021），（2014，0.016），（2015，0.013），（2016，0.008），（2017，0.015），（2018，0.02），（2019，0.021），（2030，0.02）））

        Units：Dmnl

    （13）其他煤气碳排放系数 =3.73

        Units：Dmnl

    （14）其他煤气碳排放量 = 其他煤气碳排放系数 × 其他煤气能源消耗量

        Units：Dmnl

    （15）其他煤气能源消耗量 = 能源消耗总量 × 其他煤气消耗比例

        Units：Dmnl

    （16）净碳排放量 = 城市碳排放量 ×（1– 技术进步影响因子）– 碳汇变化量

        Units：万 t 标准煤

    （17）原油消耗比例 = WITH LOOKUP（Time，（[（2011，0）~（2030，2）]，（2011，0），（2012，0），（2013，0），（2014，0），（2015，0），（2016，0），（2017，0），（2018，0），（2019，0），（2025，0），（2030，0）））

        Units：Dmnl

    （18）原油碳排放系数 =3.02

        Units：Dmnl

    （19）原油碳排放量 = 原油能源消耗量 × 原油碳排放系数

        Units：万 t 标准煤

    （20）原油能源消耗量 = 能源消耗总量 × 原油消耗比例

        Units：万 t 标准煤

    （21）原煤消耗比例 = WITH LOOKUP（Time，（[（2011，0）~（2030，2）]，（2011，0.767），（2012，0.667），（2013，0.703），（2014，0.639），（2015，0.606），（2016，0.624），（2017，0.634），（2018，0.555），（2019，0.552），（2025，0.47），（2030，0.406）））

        Units：Dmnl

    （22）原煤碳排放系数 =1.9

        Units：Dmnl

    （23）原煤碳排放量 = 原煤能源消耗量 × 原煤碳排放系数

        Units：万 t 标准煤

    （24）原煤能源消耗量 = 能源消耗总量 × 原煤消耗比例

        Units：万 t 标准煤

    （25）城市碳排放量 = 原油碳排放量 + 原煤碳排放量 + 天然气碳排放量 + 柴油碳排放量 + 汽油碳排放量 + 焦炭碳排放量 + 煤油碳排放量 + 燃料油碳排放量 + 煤制品碳排放量 + 其他煤气碳排放量

Units：万 t 标准煤

（26）天然气消耗比例 = WITH LOOKUP（Time,（[（2011, 0）~（2030, 2）],（2011, 0.103）,（2012, 0.11）,（2013, 0.133）,（2014, 0.135）,（2015, 0.14）,（2016, 0.141）,（2017, 0.174）,（2018, 0.167）,（2019, 0.171）,（2025, 0.23）,（2030, 0.277）））

Units：Dmnl

（27）天然气碳排放系数 =2.17

Units：Dmnl

（28）天然气碳排放量 = 天然气能源消耗量 × 天然气碳排放系数

Units：万 t 标准煤

（29）天然气能源消耗量 = 能源消耗总量 × 天然气消耗比例

Units：万 t 标准煤

（30）常住人口 = INTEG（人口变化量, 2944.43）

Units：万人

（31）技术进步影响因子 = 教育投入 /22000+ 科技投入 /22000

Units：Dmnl

（32）教育投入 =GDP× 教育经费投入比

Units：亿元

（33）教育经费投入比 = WITH LOOKUP（Time,（[（2011, 0）~（2030, 0.1）],（2011, 0.05）,（2013, 0.05）,（2014, 0.048）,（2015, 0.05）,（2016, 0.049）,（2017, 0.047）,（2018, 0.047）,（2019, 0.048）,（2020, 0.047）,（2025, 0.046）,（2030, 0.044）））

Units：Dmnl

（34）林地碳吸收强度 =0.49

Units：Dmnl

（35）林地面积 = INTEG（林地面积变化量, 406.28）

Units：万 hm^2

（36）林地面积变化量 = WITH LOOKUP（Time,（[（2010, 0）~（2030, 20）],（2010.77, 0）,（2011, 0）,（2012, 0）,（2013, 0）,（2014, 15.43）,（2015, 0）,（2016, 0）,（2017, 0）,（2018, 0）,（2019, 0）,（2020, 0）,（2030, 15.43）））

Units：万 hm^2

（37）柴油消耗比例 = WITH LOOKUP（Time,（[（2011, 0）~（2030, 1）],（2011, 0.089）,（2012, 0.085）,（2013, 0.112）,（2014, 0.093）,（2015, 0.103）,（2016, 0.108）,（2017, 0.132）,（2018, 0.094）,（2019, 0.093）,（2025, 0.112）,（2030, 0.116）））

Units：Dmnl

（38）柴油碳排放系数 =3.1

Units：Dmnl

（39）柴油碳排放量 = 柴油能源消耗量 × 柴油碳排放系数

Units：万 t 标准煤

（40）柴油能源消耗量 = 能源消耗总量 × 柴油消耗比例

Units：万 t 标准煤

（41）汽油消耗比例 = WITH LOOKUP（Time,（[（2011, 0）~（2030, 1）],（2011, 0.033）,（2012, 0.03）,（2013, 0.04）,（2014, 0.04）,（2015, 0.042）,（2015.82, 0.046）,（2017, 0.057）,（2018, 0.083）,（2019, 0.092）,（2025, 0.136）,（2030, 0.182）））

Units：Dmnl

（42）汽油碳排放系数 =2.93

Units：Dmnl

（43）汽油碳排放量 = 汽油能源消耗量 × 汽油碳排放系数

Units：万 t 标准煤

（44）汽油能源消耗量 = 能源消耗总量 × 汽油消耗比例

Units：万 t 标准煤

（45）焦炭碳排放系数 =2.85

Units：Dmnl

（46）焦炭碳排放量 = 焦炭能源消耗量 × 焦炭碳排放系数

Units：万 t 标准煤

（47）焦炭能源消耗量 = 能源消耗总量 × 焦炭消耗比例

Units：万 t 标准煤

（48）煤制品消耗比例 = WITH LOOKUP（Time，（[（2011，0）～（2030，1）]，（2011，0.06），（2012，0.015），（2013，0.024），（2014，0.029），（2015，0.021），（2016，0.013），（2017，0.013），（2018，0.001），（2019，0.015），（2030，0.013）））

Units：Dmnl

（49）煤制品碳排放系数 =1.97

Units：Dmnl

（50）煤制品碳排放量 = 煤制品碳排放系数 × 煤制品能源消耗量

Units：Dmnl

（51）煤制品能源消耗量 = 煤制品消耗比例 × 能源消耗总量

Units：Dmnl

（52）煤油消耗比例 = WITH LOOKUP（Time，（[（2011，0）～（2030，1）]，（2011，0.012），（2012，0.011），（2013，0.015），（2014，0.014），（2015，0.014），（2016，0.017），（2017，0.02），（2018，0.022），（2019，0.023），（2025，0.034），（2030，0.042）））

Units：Dmnl

（53）煤油碳排放系数 =3.04

Units：Dmnl

（54）煤油碳排放量 = 煤油能源消耗量 × 煤油碳排放系数

Units：万 t 标准煤

（55）煤油能源消耗量 = 能源消耗总量 × 煤油消耗比例

Units：万 t 标准煤

（56）燃料油消耗比例 = WITH LOOKUP（Time，（[（2011，0）～（2030，1）]，（2011，0.002），（2012，0.002），（2013，0.003），（2014，0.003），（2015，0.003），（2016，0.003），（2017，0.003），（2018，0.004），（2019，0.004），（2025，0.005），（2030，0.006）））

Units：Dmnl

（57）燃料油碳排放系数 =3.17

Units：Dmnl

（58）燃料油碳排放量 = 燃料油能源消耗量 × 燃料油碳排放系数

Units：万 t 标准煤

（59）燃料油能源消耗量 = 能源消耗总量 × 燃料油消耗比例

Units：万 t 标准煤

（60）生产性能源消耗量 = 第一产业能源消耗 + 第二产业能源消耗 + 第三产业能源消耗

Units：万 t 标准煤

（61）生态环境治理因子 = 碳排放强度的差 / 碳排放强度

Units：Dmnl

（62）生活性能源消耗量 =139.041–0.101 × GDP+420.882 × 人均 GDP

Units：万 t 标准煤

（63）碳排放强度 = 城市碳排放量 /GDP

Units：万 t/ 亿元

（64）碳排放强度的差 =MAX（碳排放强度 – 碳排放强度目标值，0）

Units：万 t/ 亿元

（65）碳排放强度目标值 = WITH LOOKUP（Time，（[（2011，0）～（2030，1）]，（2020，0.42），（2030，0.25）））

Units：万 t/ 亿元

（66）碳汇变化量 =（林地碳吸收强度 × 林地面积 + 耕地面积 × 耕地碳吸收强度）×（1+ 生态环境治理因子）

Units：万 t 标准煤

（67）碳汇能力 = INTEG（碳汇变化量，0）

Units：万 t 标准煤

（68）科技投入 =GDP×"R&D 经费投入比"

Units：亿元

（69）第一产业万元 GDP 能耗 = WITH LOOKUP（Time,（[（2011, 0）~（2030, 1）],（2011, 0.351）,（2012, 0.353）,（2013, 0.125）,（2014, 0.081）,（2015, 0.078）,（2016, 0.071）,（2017, 0.071）,（2018, 0.071）,（2019, 0.066）,（2020, 0.059）,（2025, 0.04）,（2030, 0.02）））

Units：t 标准煤 / 万元

（70）第一产业产值 =GDP× 第一产业占比

Units：亿元

（71）第一产业占比 = WITH LOOKUP（Time,（[（2011, 0）~（2030, 0.08）],（2011, 0.078）,（2012, 0.076）,（2013, 0.072）,（2014, 0.068）,（2015, 0.067）,（2016, 0.069）,（2017, 0.064）,（2018, 0.064）,（2019, 0.066）,（2020, 0.072）,（2030, 0.059）））

Units：Dmnl

（72）第一产业能源消耗 = 第一产业产值 × 第一产业万元 GDP 能耗

Units：万 t 标准煤

（73）第三产业万元 GDP 能耗 = WITH LOOKUP（Time,（[（2011, 0）~（2030, 1）],（2011, 0.181）,（2012, 0.192）,（2013, 0.193）,（2014, 0.159）,（2015, 0.152）,（2016, 0.149）,（2017, 0.133）,（2018, 0.12）,（2019, 0.115）,（2020, 0.105）,（2025, 0.08）,（2030, 0.06）））

Units：t 标准煤 / 万元

（74）第三产业产值 =GDP× 第三产业占比

Units：亿元

（75）第三产业占比 = WITH LOOKUP（Time,（[（2011, 0）~（2030, 1）],（2011, 0.472）,（2012, 0.466）,（2013, 0.468）,（2014, 0.469）,（2015, 0.484）,（2016, 0.5）,（2017, 0.515）,（2018, 0.526）,（2019, 0.536）,（2020, 0.528）,（2030, 0.62）））

Units：Dmnl

（76）第三产业能源消耗 = 第三产业产值 × 第三产业万元 GDP 能耗

Units：万 t 标准煤

（77）第二产业万元 GDP 能耗 = WITH LOOKUP（Time,（[（2011, 0）~（2030, 2）],（2011, 1.064）,（2012, 0.944）,（2013, 0.652）,（2014, 0.679）,（2015, 0.646）,（2016, 0.58）,（2017, 0.451）,（2018, 0.478）,（2019, 0.434）,（2020, 0.435）,（2030, 0.4）））

Units：t 标准煤 / 万元

（78）第二产业产值 =GDP× 第二产业占比

Units：亿元

（79）第二产业占比 = WITH LOOKUP（Time,（[（2011, 0）~（2030, 1）],（2011, 0.45）,（2012, 0.458）,（2013, 0.46）,（2014, 0.463）,（2015, 0.449）,（2016, 0.431）,（2017, 0.421）,（2018, 0.41）,（2019, 0.398）,（2020, 0.4）,（2030, 0.321）））

Units：Dmnl

（80）第二产业能源消耗 = 第二产业产值 × 第二产业万元 GDP 能耗

Units：万 t 标准煤

（81）耕地碳吸收强度 =5.624

Units：Dmnl

（82）耕地面积 = INTEG（耕地面积变化量, 244.97）

Units：万 hm^2

（83）耕地面积变化量 = WITH LOOKUP（Time,（[（2011, -5）~（2030, 3）],（2011, 0.68）,（2012, 0.16）,（2013, 0.45）,（2014, -0.12）,（2015, -2.41）,（2016, -4.8）,（2017, -1.27）,（2025, -1）,（2030, -1）））

Units：万 hm^2

（84）能源消耗总量 = 生产性能源消耗量 + 生活性能源消耗量

Units：万 t 标准煤

参考资料

[1] 政府间气候变化专门委员会（IPCC）.2006 年 IPCC 国家温室气体清单指南 [R]. 日内瓦：政府间气候变化专门委员会（IPCC），2006.

[2] 清华大学碳中和研究院 .2023 全球碳中和年度进展报告 [R/OL].（2023–09–20）[2025–01–14]. http：//www.cntrcker.tsinghua.edu.cn/report.

[3] IPCC.Climate Change 2001：The Scientific Basis[M].Cambridge：Cambridge University Press，2001

[4] 孙建卫，赵荣钦，黄贤金，等 .1995—2005 年中国碳排放核算及其因素分解研究 [J]. 自然资源学报，2010，25（8）：1284–1295.

[5] 李云燕，赵国龙 .中国低碳城市建设研究综述 [J]. 生态经济，2015，31（2）：36–43.

[6] 政府间气候变化专门委员会（IPCC）.2022 年 IPCC 国家温室气体清单指南 [R]. 日内瓦：政府间气候变化专门委员会（IPCC），2022.

[7] 牛文元 .可持续发展理论的内涵认知：纪念联合国里约环发大会 20 周年 [J]. 中国人口·资源与环境，2012，22（5）：9–14.

[8] 麦文隽 .系统动力学中的系统思想及其在"碳中和"愿景目标中的应用研究：以交通行业减碳为例 [J]. 系统科学学报，2022，30（1）：17–22.

[9] 王其藩 .系统动力学 [M].上海：上海财经大学出版社，2009.7.

[10] IBANEZ J，PEDRASA M A，Magadia J，et al. Relationship of Economic Growth and CO_2 Emissions in the Philippines：An EKC Hypothesis Testing Case Study[C]. Australia: 9th International Conference on Power and Energy Systems（ICPES），2019.

[11] LINAN–ABANTO R N, Salcedo D, Arnott P, et al. Temporal variations of black carbon, carbon monoxide, and carbon dioxide in Mexico City: Mutual correlations and evaluation of emissions inventories[J]. Urban Climate, 2021, 37:100855.

[12] PILLAI D，BUCHWITZ M，Gerbig C，et al. Tracking city CO_2 emissions from space using a high–resolution inverse modelling approach: a case study for Berlin, Germany[J]. Atmospheric Chemistry and Physics, 2016, 16(15): 9591–9610.

[13] TAPIO P. Towards a theory of decoupling：degrees of decoupling in the EU and the case of road traffic in Finland between 1970 and 2001［J］. Transport Policy，2005，12（2）：137–151.

[14] MONICA S et al. Will climate mitigation ambitions lead to carbon neutrality? An analysis of the local–level plans of 327 cities in the EU[J]. Renewable and Sustainable Energy Reviews, 2021,135(C):110253.

[15] PULSELLI R M, et al. Future city visions. The energy transition towards carbon–neutrality: lessons learned from the case of Roeselare, Belgium[J]. Renewable and Sustainable Energy Reviews, 2021, 137(C):110612.

[16] 刘明达，蒙吉军，刘碧寒 .国内外碳排放核算方法研究进展 [J]. 热带地理，2014，34（2）：248–258.

[17] FAN Y, YAN L, JIANGGANG X. Review on urban GHG inventory in China[J]. International Review for Spatial Planning and Sustainable Development，2016，4：46‐59.

[18] PANDEY D，AGRAWAL M，PANDEY J S. Carbon footprint：current methods of estimation[J]. Environmental Monitoring and Assessment，2011，178（1–4）：135–160.

[19] ODA T，MAKSYUTOV S. A very high–resolution（1 km × 1 km）global fossil fuel CO_2 emission inventory derived using a point source database and satellite observations of nighttime lights[J]. Atmospheric Chemistry and Physics，2011，11（2）：543–556.

[20] AUFFHAMMER，SUN W Z，WU J F，et al.The decomposition and dynamics of industrial carbon dioxide emissions for 287 Chinese cities in 1998–2009[J]. Journal of economic surveys，2016，30（3）：460–481.

[21] RAMASWAMI A，JIANG D Q，TONG K K，et al. Impact of the economic structure of cities on urban scaling factors：implications for urban material and energy flows in China[J]. Journal of industrial ecology，2018，22（2）：392–405.

[22] 秦耀辰，张丽君，鲁丰先，等 .国外低碳城市研究进展 [J]. 地理科学进展，2010，29（12）：1459–1469.

[23] 诺加德，等．从我做起：走向低能耗社会 [M]．高沛峻，李健，译．北京：经济管理出版社，2006．

[24] 马丁，陈文颖．中国 2030 年碳排放峰值水平及达峰路径研究 [J]．中国人口·资源与环境，2016，26（S1）：1–4．

[25] 邓小乐，孙慧．基于 STIRPAT 模型的西北五省区碳排放峰值预测研究 [J]．生态经济，2016，32（9）：36–41．

[26] 朱佩誉，凌文．不同碳排放达峰情景对产业结构的影响：基于动态 CGE 模型的分析 [J]．财经理论与实践，2020，41（5）：110–118．

[27] FONG W–K，MATSUMOTO H，LUN Y–F. Application of System Dynamics model as decision making tool in urban planning process toward stabilizing carbon dioxide emissions from cities[J]. Building and Environment，2009，44（7）：1528–1537．

[28] ZHANG Y，LIU C，CHEN L，et al. Energy–related CO_2 emission peaking target and pathways for China's city：A case study of Baoding City[J]. Journal of Cleaner Production，2019，226：471–481．

[29] 岳书敬．长三角城市群碳达峰的因素分解与情景预测 [J]．贵州社会科学，2021，9：115–124．

[30] 张立，谢紫璇，等．中国城市碳达峰评估方法初探 [J]．环境工程，2020，38（11）：1–5．

[31] WANG W Z，LIU L C，LIAO H，et al. Impacts of urbanization on carbon emissions：An empirical analysis from OECD countries[J]. Energy Policy，2021，151：1–15．

[32] 王勇，许子易，张亚新．中国大城市碳排放达峰的影响因素及组合情景预测：基于门限 –STIRPAT 模型的研究 [J]．环境科学学报，2019，39（12）：4284–4292．

[33] LI W，DONG F，JI Z. Research on coordination level and influencing factors spatial heterogeneity of China's urban CO_2 emissions[J]. Sustainable Cities and Society，2021，75：103323．

[34] 郭芳，王灿，张诗卉．中国城市碳达峰趋势的聚类分析 [J]．中国环境管理，2021.13（1）：40–45．

[35] 蒋含颖，段祎然，张哲，等．基于统计学的中国典型大城市 CO_2 排放达峰研究 [J]．气候变化研究进展，2021，17（2）：131–139．

[36] 胡晓伟，包家烁，安实，等．碳达峰下城市交通运输减排治理策略研究 [J]．交通运输系统工程与信息，2021，21（6）：244–256．

[37] 蒋金荷．中国碳排放量测算及影响因素分析 [J]．资源科学，2011，33（4）：597–604．

[38] 杨骞，刘华军．中国二氧化碳排放的区域差异分解及影响因素：基于 1995 ~ 2009 年省际面板数据的研究 [J]．数量经济技术经济研究，2012，29（5）：36–49，148．

[39] 刘菁，刘伊生，杨柳，等．全产业链视角下中国建筑碳排放测算研究 [J]．城市发展研究，2017，24（12）：28–32．

[40] 李健，景美婷，苑清敏．绿色发展下区域交通碳排放测算及驱动因子研究：以京津冀为例 [J]．干旱区资源与环境，2018，32（7）：36–42．

[41] 丁凡琳，陆军，赵文杰．城市居民生活能耗碳排放测算及空间相关性研究：基于 287 个地级市的数据 [J]．经济问题探索，2019（5）：40–49．

[42] 宋丽美，徐峰．乡村振兴背景下农村人居环境碳排放测算与影响因素研究 [J]．西部人居环境学刊，2021，36（2）：36–45．

[43] 顾朝林，谭纵波，刘宛，等．气候变化、碳排放与低碳城市规划研究进展 [J]．城市规划学刊，2009（3）：38–45．

[44] 陈群元，喻定权．我国建设低碳城市的规划构想 [J]．现代城市研究，2009，24（11）：17–19．

[45] 张泉，叶兴平，陈国伟．低碳城市规划：一个新的视野 [J]．城市规划，2010，34（2）：13–18，41．

[46] 叶祖达．碳排放量评估方法在低碳城市规划之应用 [J]．现代城市研究，2009，24（11）：20–26．

[47] 姜洋，何永，毛其智，等．基于空间规划视角的城市温室气体清单研究 [J]．城市规划，2013，37（4）：50–56，67．

[48] 郑伯红，刘路云．基于碳排放情景模拟的低碳新城空间规划策略：以乌鲁木齐西山新城低碳示范区为例 [J]．城市发展研究，2013，20（9）：106–111．

[49] 闫凤英，刘思娴，张小平．基于 PCA–BP 神经网络的用地碳排放预测研究 [J]．西部人居环境学刊，2021，36（6）：1–7．

[50] 郑德高，吴浩，林辰辉，等．基于碳核算的城市减碳单元构建与规划技术集成研究 [J]．城市规划学刊，2021，264（4）：43–50．

[51] 袁青，郭冉，冷红，等．长三角地区县域中小城市空间形态对碳排放效率影响研究 [J]．西部人居环境学刊，2021，36（6）：8–15．

[52] 秦波，邵然．低碳城市与空间结构优化：理念、实证和实践 [J]．国际城市规划，2011，26（3）：72–77．

[53] 潘海啸，汤諹，吴锦瑜，等．中国"低碳城市"的空间规划策略 [J]．城市规划学刊，2008（6）：57–64．

中国城市"双碳"情景与路径

[54] 叶浩军，蔡云楠，代欣召，等．低碳导向的广州城市规划探索与实践 [J]．规划师，2013，29（11）：84-88，100.

[55] 张赫，王睿，于丁一，等．基于差异化控碳思路的县级国土空间低碳规划方法探索 [J]．城市规划学刊，2021，265（5）：58-65.

[56] OU J，LIU X，LI X，et al. Quantifying the relationship between urban forms and carbon emissions using panel data analysis[J]. Landscape Ecology，2013，28（10）：1889–1907.

[57] 易艳春，马思思，关卫军．紧凑的城市是低碳的吗?[J]．城市规划，2018，42（5）：31-38+86.

[58] 舒心，夏楚瑜，李艳，等．长三角城市群碳排放与城市用地增长及形态的关系 [J]．生态学报，2018，38（17）：6302–6313

[59] 叶玉瑶，张虹鸥，许学强，等．面向低碳交通的城市空间结构：理论、模式与案例[J]．城市规划学刊，2012(5)：37–43.

[60] 杨艳芳，李慧凤，郑海霞．北京市建筑碳排放影响因素研究 [J]．生态经济，2016，32（1）：72-75.

[61] 秦波，邵然．城市形态对居民直接碳排放的影响：基于社区的案例研究 [J]．城市规划，2012，36（6）：33–38.

[62] 马静，刘志林，柴彦威．城市形态与交通碳排放：基于微观个体行为的视角 [J]．国际城市规划，2013，28（2）：19–24.

[63] 秦波，戚斌．城市形态对家庭建筑碳排放的影响：以北京为例 [J]．国际城市规划，2013，28（2）：42-46.

[64] 钟薇薇，高海，徐维军，等．多聚类视角下的碳达峰路径探索与趋势研判：基于广东省 21 个地级市面板数据的分析 [J]．南方经济，2021（12）：58-79.

[65] 余丽，周旭磊．碳达峰目标实现的国际经验及中国路径 [J]．大连理工大学学报（社会科学版），2022，43（3）：12–21.

[66] 杜群，陈海嵩．德国能源立法和法律制度借鉴 [J]．国际观察，2009（4）：49-57.

[67] 方舟．德国、日本建筑节能发展分析及启示 [J]．绿色建筑，2022，14（2）：70-72，82.

[68] 刘志林，戴亦欣，董长贵，等．低碳城市理念与国际经验 [J]．城市发展研究，2009，16（6）：1-7，12.

[69] 来尧静，沈玥．丹麦低碳发展经验及其借鉴 [J]．湖南科技大学学报（社会科学版），2010，13（6）：100-103.

[70] 时希杰，李肖．国内外节能低碳建筑发展对比与启示借鉴 [J]．发展研究，2023，40（2）：39-44.

[71] 张时聪，刘常平，王珂，等．零碳建筑定义及碳排放计算边界研究 [J]．建筑科学，2022，38（12）：283-290.

[72] 赵刚．日本城市能源利用与节能减排 [J]．日本问题研究，2016，30（6）：28-35.

[73] 科本，雅各布，乔恩，等．零碳城市手册 [R]．北京：落基山研究所，2017.

[74] SHAN Y，GUAN D，LIU J，et al. Methodology and applications of city level CO_2 emission accounts in China[J]. Journal of Cleaner Production，2017，161：1215–1225.

[75] 焦思颖．上海：从"多规合一"走向空间治理 [J]．资源导刊，2019（8）：54-55.

[76] 张思齐，陈银蓉．城市建设用地扩张与能源消耗碳排放相关效应 [J]．水土保持研究，2017，24（1）：24-249.

[77] SHE W，WU Y，HUANG，H. et al. Integrative analysis of carbon structure and carbon sink function for major crop production in China's typical agriculture regions[J]. J Cleaner Production，2017，162：702‐708.

[78] ZHANG L，ZHOU G，JI Y，et al. Spatiotemporal dynamic simulation of grassland carbon storage in China[J]. Science China：Earth Sciences，2016，59（10）：1946–1958.

[79] 江健，林文鹏，何欢，等．上海市湿地信息遥感提取方法研究 [J]．湿地科学，2013，11（4）：470-474.